好吃
到家

我把大 V 带回家
家常美味轻松做

戒不掉的
烘焙甜点

烘焙甜品
著名博主

飞雪无霜 著

中国轻工业出版社

图书在版编目（CIP）数据

戒不掉的烘焙甜点 / 飞雪无霜著. —北京：中国轻
工业出版社，2017.6
　（好吃到家）
　ISBN 978-7-5019-9854-8

　Ⅰ.①戒… Ⅱ.①飞… Ⅲ.①烘焙–糕点加工
Ⅳ.① TS213.2

中国版本图书馆CIP数据核字（2014）第167220号

责任编辑：王巧丽　秦　功　朱启铭　　责任终审：劳国强
策划编辑：王巧丽　秦　功　　　　　　责任校对：燕　杰　责任监印：马金路
整体设计：锋尚设计

出版发行：中国轻工业出版社（北京东长安街6号，邮编：100740）
印　　刷：北京博海升彩色印刷有限公司
经　　销：各地新华书店
版　　次：2017年6月第1版第7次印刷
开　　本：720×1000　1/16　　印张：18
字　　数：320千字
书　　号：ISBN 978-7-5019-9854-8　定价：29.80元
邮购电话：010-65241695　传真：65128352
发行电话：010-85119835　85119793　传真：85113293
网　　址：http://www.chlip.com.cn
Email：club@chlip.com.cn
如发现图书残缺请直接与我社邮购联系调换
170567S1C107ZBW

PART 01
烘焙工具篇

002 烘焙的基本工具

010 烘焙的主要材料

019 烘焙前注意事项

PART 02
烘焙食品篇

爱不释手的手工饼干 10 款

026 核桃燕麦巧克力豆饼干

028 腰果饼干

030 方块腰果酥

032 熊猫饼干

034 麋鹿饼干

036 肉松酥饼

038 蔓越莓饼干

040 杏仁脆饼

042 双色饼干

044 桃酥

制作简单的 纸杯蛋糕 **8** 款

047 酸奶葡萄干马芬

048 南瓜青菜马芬蛋糕

050 抹茶蜜豆杯子蛋糕

052 巧克力核桃蛋糕

054 黑芝麻米粉蛋糕

056 焦糖红枣马芬

058 蓝莓马芬

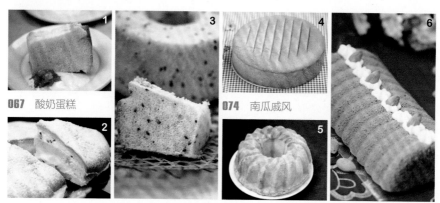

060 香蕉奶酪蛋糕

口感细腻的 戚风蛋糕 **6** 款

067 酸奶蛋糕

069 波士顿派

072 黑芝麻戚风蛋糕

074 南瓜戚风

076 焦糖浆戚风

078 杏仁可可戚风

蛋香浓郁的海绵蛋糕 4 款

美味无比的蛋糕卷 5 款

令人着迷的芝士蛋糕 7 款

早餐好选择 小餐包 8 款

半小时就搞定的 司康 4 款

形状各异 造型面包 7 款

配料丰富 有料面包 **7**款

188　花生面包

190　火腿沙拉面包

192　豆沙菠萝包

194　红豆多拿滋

196　三明治

199　蔓越莓奶酥面包

200　椰蓉面包

吸引眼球 表面装饰面包 **7**款

203　肉松面包

204　虎皮面包

206　香酥粒辫子面包

208　毛毛虫面包

210　芝士面包

212　墨西哥奶酥面包

214　德式面包

下午茶好搭档
酥挞派 9 款

244 黑布林果酱酥

247 葡式蛋挞

250 水果酥盒

252 柠檬塔

255 核桃塔

258 南瓜派

260 苹果派

262 奶油杏仁派

265 火腿咸塔

甜点店必不可少的
泡芙 4 款

268 冰激凌泡芙

271 栗子泡芙

273 紫薯泡芙

275 巧克力酥皮泡芙

烘焙工具篇

Baking Tool

烘焙的基本工具

✿大件商品

既然要烘焙，当然需要买一些和烘焙有关的用品。大件商品比如烤箱肯定是必需的，而其他则是根据个人需要选择喽。

1　烤箱，约25升以上，因为太小的烤箱，不太容易放得下吐司盒，而且受热也不太均匀。现在最新款的烤箱也有和面功能，做面包的话，就不用买面包机了。

2　面包机，如果你要做面包的话，最好买一个面包机，用它来揉面，可以轻松解放你的双手。

3　厨师机，非必需，如果预算充足可以买一个，它的好处是容量够大，而且揉面的速度也够快。它有搅拌棒、打蛋器还有和面棒，适合多种点心使用。

4　发酵箱，非必需，如果特别爱吃面包可以买一个。因为面包对湿度和温度的要求较高。

5　烤盘、烤网，选购烤箱的时候，烤箱中一定要配有烤盘（5a）和烤网（5b）。烤盘要选择平一点的，这样较容易烤饼干或是蛋糕卷。烤网可选择底部有支架的（5c），可以当倒扣架来用。

6　手柄，用于将烤盘或烤网从烤箱中取出，不会烫到手。

✿基本工具

除了烤箱外，还有一些最基本的工具，可以在使用时给自己助力。

7　初学烘焙，最好选择一台电动打蛋器（7a），这样可以让打发鸡蛋变得很轻松。一台秤（7b），普通的或电子的都可以，但电子的更精确，能让你轻松掌握食材的重量。

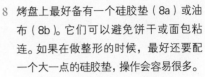

8　烤盘上最好备有一个硅胶垫（8a）或油布（8b）。它们可以避免饼干或面包粘连。如果在做整形的时候，最好还要配一个大一点的硅胶垫，操作会容易很多。

9　如果没有硅胶垫或油布，那么一次性的硅油纸（9a）就是大家的最爱了。硅油纸可以防止粘连，而且价格相对也比较便宜。

油纸（9b）相对于硅油纸来说，没有不粘功能，但做蛋糕卷的时候是非常实用的。

10　电子温度计（10a）可以用来测量面团的温度。油炸或是煮糖浆的时候，也需要用到电子温度计。

烤箱温度计（10b）用于测量烤箱的温度，一般在烤箱预热的时候就放进去。

温湿度计（10c）用来测量室内的温度和湿度，做面包时会用得上。

11　量杯（11a）和量匙（11b），价格不贵，一些食材上的称量，用它们就更为方便。

12　面粉筛是做烘焙不可少的工具之一，有手持的（12a）、带把的（12b）、圆形的。选择自己喜欢的一款即可。筛网目数越多，筛出来的面粉就越细腻。

13　刮刀分为橡胶刮刀（13a）和硅胶刮刀（13b），用来翻拌饼干面糊或蛋糕面糊。一般橡胶的小号、硅胶的中号就足够用了。

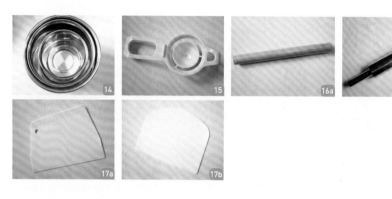

14 打蛋盆有大、中、小三款，一般来说直径18厘米左右、高度10厘米以上的打蛋盆更受人喜爱。建议选择不锈钢材质的哦。

15 分蛋器用于将鸡蛋的蛋黄和蛋白分离。如果自己分离鸡蛋水平较高，也可以不用。

16 擀面棍在擀面团的时候使用，能让面团变得更平整。

左边（16a）的比较小巧，可用于操作少量的面团。

右边（16b）的比较重，起酥面团"叠被子"时使用。

17 刮板（17a）用于切割面团。

半圆软刮板（17b），质地较软，可以用于刮面盆内的面团。

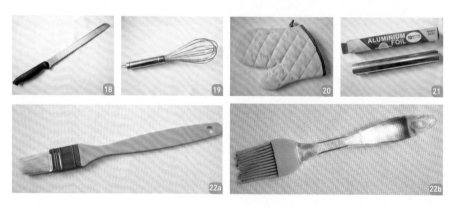

18 面包刀是切面包或吐司的。一把好的面包刀可以用一辈子。

19 手动打蛋器用于搅拌少量面糊，或是打发少量的鸡蛋和黄油时使用。

20 烤箱在烘焙时，温度会比较高，要想将烤箱内的点心取出，戴个手套不容易烫到手。

21 锡纸一般是烤薄片蛋糕或是烤饼干时用到。烤肉的时候使用也较为方便。

22 羊毛刷（22a）用于刷蛋液或油。目前市场上分为羊毛刷和硅胶刷（22b）两种。

✎特别工具

有了基本工具,如果想提升一下烘焙水平,就要再进一步准备一些特别的工具。

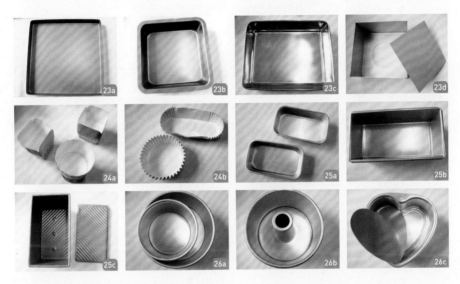

23 在进行烘焙时,适合的模具会让你的点心增色不少。

金色不粘方形烤盘(23a),边长28厘米左右,烤蛋糕卷会极为方便,而且也可以用来烤饼干。

黑色不粘方形烤盘(23b),尺寸较小,边长20厘米左右,适合做少量的点心。

不锈钢长方形烤盘(23c),尺寸较大,20厘米×30厘米。用于制作较大的点心。

方形活动蛋糕模具(23d),分为六寸或八寸,比较常见。底是可以活动的,制作时容易将点心取出。

24 造型丰富的小纸杯。

圆形的、方形的(24a)比较适合做小蛋糕。棱边圆形的和船形的(24b)适合做纸杯面包。

25 各种规格的长条模具。

小雪芳模(25a),尺寸较小,适合做布朗尼、小面包或小蛋糕。

250克磅蛋糕模具(25b),适合做重油蛋糕,或是250克的面包。

450克金色不粘吐司盒(25c),买盒子的时候最好配一个盖子。

26 各种戚风蛋糕模具。

六寸和八寸活动底蛋糕模具(26a),用于制作各种戚风蛋糕、海绵蛋糕。六寸的一般做半斤蛋糕,八寸的一般做一斤蛋糕。

中空蛋糕模具(26b)。一般常用的也是六寸和八寸,这种模具做戚风蛋糕最为拿手,可以涨得很高。

心形蛋糕模具(26c),用来做心形的蛋糕,非常养眼。

27 硅胶蛋糕模。

　　各种形状的小硅胶蛋糕模（27a），用来做小蛋糕。

　　中空的硅胶蛋糕模（27b）适合做戚风蛋糕。

　　玫瑰花造型的蛋糕模（27c）做出来的蛋糕就是玫瑰花形状的。

　　硅胶模具因为自身较软，容易存放，而且造型各异，特别是用它们来做慕斯蛋糕，实在是太棒了。

28 烤碗一般适合做焗饭，或是舒芙蕾蛋糕，用来做布丁也不错。

29 铁质六连蛋糕模，用于制作小一点的圆形蛋糕。

30 马背模，造型特别。可以做各种蛋糕或面包。

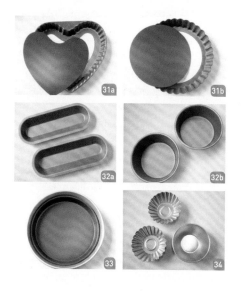

31 心形（31a）或圆形派盘（31b）。派盘分为固定底或活动底。一般情况下，活动底的脱模更为方便。

32 热狗模（32a）和汉堡模具（32b），用于制作热狗和汉堡，因为面团发酵的原因，有模具支撑，形状上就会很好掌握。

33 大小不等的比萨盘，一般买八寸或九寸的较多，如果家人很喜欢吃比萨，也可以考虑买十寸的比萨盘。

34 花形蛋挞模和圆形蛋挞模。相对而言圆形的较常见，也容易脱模。

裱花工具

烘焙水平越来越高的时候，就想着怎么样来做个生日蛋糕取悦家人，那少不了下面的工具。当然也是按需选择哦。

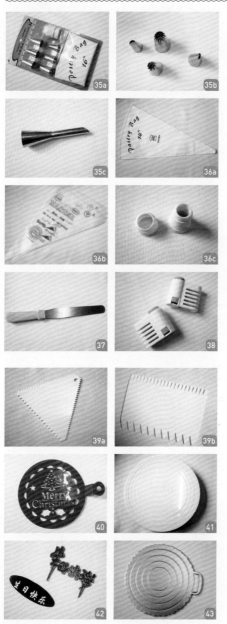

35 如果想做花样饼干，或是裱花，那裱花嘴可少不了。

中号花嘴套装（35a）是选择比较多的一款，既可以用来做曲奇饼干，也可以用来做装饰蛋糕。

如果不想一次性买一套，也可以根据自己的需要买一两个花嘴（35b），先尝试制作。

细长的花嘴（35c），人们管它叫泡芙花嘴，用于将馅料轻松地挤入泡芙内部。

36 裱花袋，分为布裱花袋（36a）和塑料裱花袋（36b）两种。

如果是做饼干，一般是布的裱花袋更不容易挤破。

如果是打发动物鲜奶油，一般是塑料裱花袋比较常用。

家里只有一个花嘴就不用买转换器，可以直接配裱花袋使用。如果花嘴较多，可以再配一个转换器（36c），这样可以轻松地换花嘴。

37 抹刀，装饰蛋糕抹奶油时使用。

38 蛋糕切片器，制作好的蛋糕用它可以轻松分层。这样就很容易在蛋糕内部夹馅了。

39 三角齿刮板（39a）和双向齿刮板（39b）。奶油蛋糕装饰时，用它可以将蛋糕装饰出一条一条的纹路。

40 糖粉筛，用于将糖粉、可可粉或抹茶粉筛在蛋糕上面，装饰出效果图案。

41 转台。做装饰蛋糕的时候，可以用于旋转蛋糕，便于操作。

42 各种款式的插片，用于装饰蛋糕时使用。

43 蛋糕垫片。制作好的慕斯蛋糕或奶油蛋糕放在上面会更漂亮，也方便拿取。

☙饼干模具

做饼干的工具，除了上面所说的裱花工具外，还有下面一些模具也可以用来制作饼干。

44 各种造型的饼干模。有立体的饼干模（44a），让饼干更生动。有普通的饼干模（44b），制作时就更为方便。还有大小不等的切模（44c），可以根据需要选择。

45 月饼模具。月饼模具是中秋佳节的时候，用来做月饼的。一些小饼干也可以用它来制作，更有特色哦。而且制作绿豆糕也能用到它。

☙进阶模具

下面是一些不太常见的工具。比如慕斯圈，只有蛋糕会做了，才会做慕斯。同时这里还有一些比较专业的模具。

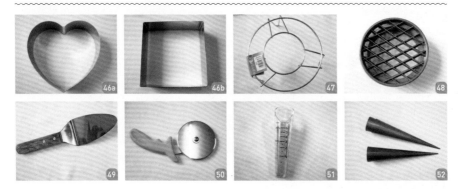

46 制作慕斯蛋糕的时候，就离不开慕斯模了。慕斯模的形状非常多，一般心形的（46a）、正方形的（46b）、梅花形的较常见。如果手上没有慕斯模，家里的活动底蛋糕模具，也可以替代慕斯模做出好吃的蛋糕。

47 倒扣架，现在一般的烤箱烤网自带倒扣架功能，如果没有，可以买一个这样的倒扣架用于倒扣蛋糕使用，因为戚风蛋糕要求倒扣放凉后才能脱模。

48 菠萝印用于制作菠萝包。如果没有，也可以用刀在面包上刻出纹路。

49 比萨饼铲，用于将切片的比萨饼或是蛋糕铲到盘子里。

50 比萨饼轮刀，是切比萨饼用的。

51 酵母称量器，称量酵母时使用。上面有刻度，称量很方便。

52 螺管，用于制作螺旋面包。黑色的质量更好。

53　柠檬刀，用于给柠檬刨皮时使用。

54　甜甜圈模，制作甜甜圈时的专用工具。

55　吐司切片器，用于给吐司切片，可以分
　　成均等的大小。

56　蛋糕脱模刀，因为蛋糕做好后会不容易
　　脱模，用脱模刀在蛋糕模具四周划一圈
　　后，就容易脱模了。

57　小刮刀，抹馅料时使用。包饺子或包子
　　时用它取馅也很方便。

58　芝士刨，用于刨马苏里拉奶酪，有粗眼
　　和细眼两种。

59　针车轮，用于给饼底扎小眼，防止饼底
　　在烤时膨胀。

厨房用具

最后是一组厨房里的工具，虽然很简单，但是在烘焙时也少不了哦。

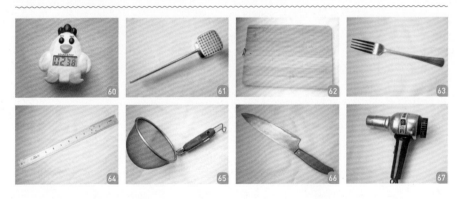

60　厨房定时器，用于提醒自己在烘焙时，
　　不要忘记时间，时间到了会响。

61　肉锤平时是敲打肉类用的，但在烘焙
　　中，会用于装饰饼干。

62　案板可用于切割面团。

63　叉子可以用于装饰饼干，或是给比萨扎
　　小眼。当然也可以用针车轮代替。

64　刻度尺用于测量点心的长度。

65　粗眼筛子适合过筛粗一点的食物，比如
　　土豆泥。

66　厨房刀，面团切割时使用。

67　电吹风，当黄油在室温下不容易软化的
　　时候，会用到它。

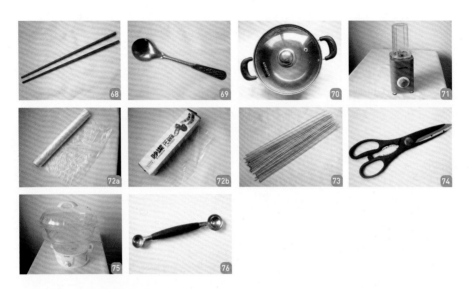

68 筷子，搅拌面糊或油炸食物时使用。

69 勺子，盛装食物时使用。

70 小锅，煮食物的时候使用，或是隔水加热时利用率也较高。

71 料理机，当一些食材要求搅拌至糊状，或磨成粉状时，有料理机会很方便。

72 保鲜袋（72a）和保鲜膜（72b），在制作面包的时候，利用保鲜膜会较多，为防止面团风干，盖上保鲜膜，可以保湿。保鲜袋用于放冰箱冷藏面团时使用。

73 竹扦一般是烧烤时用到，但如果想看看蛋糕有没有熟，用这个最好。

74 剪刀，用于剪切食物的时候使用。

75 在蒸一些食物的时候就有必要有一个蒸锅了。

76 果挖，可以将水果挖成小球来装饰蛋糕。

烘焙的主要材料

面粉类

1 低筋面粉，蛋白质含量在7%~9%，用于制作蛋糕或饼干。

2 中筋面粉，蛋白质含量在9%~11%，用于制作包子等中式面点。

3 高筋面粉，蛋白质含量在11%~13%，用于制作面包。

4 全麦面粉，保留有外面的麸皮，所以相对而言更有营养。

❧油脂类

5　黄油，牛奶加工的产物，含脂量较高。（本书没特别说明，均指无盐黄油）

6　植物油，是从植物的果实或种子中得到的油脂，比如葵花子油、大豆油、食用调和油。
　（有特别香味的油类比如花生油，不建议在烘焙中使用，因为会影响食物本身的味道）

❧乳制品类

7　马苏里拉奶酪，奶酪的一种，用于制作比萨时使用。常温下容易变质，需要冷冻保存。

8　奶油奶酪，质地细腻，微酸，属于发酵类产品，需要冷藏保存，是芝士蛋糕不可少的一种原料。

9　牛奶，钙质丰富，一般选择原味无糖牛奶。

10　奶粉，牛奶脱水后制作成的粉末，容易保存。

11　酸奶，新鲜的牛奶杀菌后，再加入有益菌，经过发酵而成。

12　动物鲜奶油，牛奶中提取制作，一般用于装饰蛋糕或慕斯蛋糕。

❧蛋类

13　全蛋液，富含胆固醇，营养丰富。

14　蛋白，约占鸡蛋体积的57%，单独用它制作饼干，饼干的质地较脆。

15　蛋黄，富含丰富的维生素A和维生素D，单独用它制作饼干蛋香浓郁。

❧糖类

16　细砂糖，颗粒较细，烘焙中会经常用到的糖类，有助于打发。

17　绵白糖，平时炒菜时用到的糖，质地绵软，如没有细砂糖，可以用其代替。

18　糖粉，洁白的粉末，加入3%左右的玉米淀粉，更易溶解。

19　冰糖，为砂糖的结晶再制品，颜色一般为白色或淡黄色。

20　红糖，甘蔗经过榨汁简单处理后制作而成，营养较丰富。

21　蜂蜜，一般为花蜜，低温时容易结晶。

❧粉末类

22　盐，烘焙中会经常用到，增加食物口感，适量的盐也可以中和糖的甜味。

23　玉米淀粉，白色的粉末状，和普通面粉1：4配比，可以得到低筋面粉。

24　塔塔粉，用于稳定蛋白。如果没有可以用白醋代替。制作熟练后，可以不用。

25　红曲粉，红曲米磨成的粉，属于天然色素。

26　可可粉，可可豆的产物，香味醇厚。

27　抹茶粉，含有多种微量元素，广泛用于烘焙点心中。

28　姜黄粉，姜黄磨成的粉，是一种天然无添加的色素。

29 肉桂粉，肉桂磨成的粉末，气味芳香，多用于面包、蛋糕、饼干中。

30 椰蓉，香味浓郁，可用于增加风味或做表面装饰。

31 比萨草，植物的叶子晒干而成，一般用在比萨饼中。

32 吉利丁粉，又叫鱼胶粉，有凝固作用。

33 米粉，平时做饭时用的米，磨制而成。

34 糯米粉，糯米磨成，可用于制作汤圆或年糕，烘焙中偶尔也会用到。

膨松剂

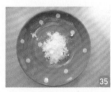

35 无铝泡打粉，是一种复合膨松剂，用于面包、蛋糕、饼干的快速膨胀。

36 小苏打，食品制作中的膨松剂，放的过多会容易有苦味。遇湿气容易结团，注意需在干燥处保存。

37 酵母，面包制作的必备原料，28℃左右适合生长。

装饰类

38 卡通糖，味甜，形状各异，用于蛋糕、饼干装饰。

39 银珠糖，味甜，仅用于蛋糕、饼干装饰。

℅果干类

40　蔓越莓干，保留了蔓越莓90%的营养，口感好。

41　红枣干，维生素含量特别高，可以美容养颜。

42　葡萄干，味道酸甜，价格便宜，常用于烘焙。

℅坚果类

43　核桃，可用于补脑。

44　黑芝麻，可用于制作麻油，含有大量脂肪。

45　白芝麻，同黑芝麻，颜色为白色。

46　开心果，有着绿色果仁，抗衰老。

47　栗子，含有大量淀粉和蛋白质，可以用于制作馅料。

48　南瓜子仁，富含胡萝卜素，为南瓜子去壳后产物。

49　腰果，脂肪含量高，含有丰富的蛋白质，为世界四大坚果之一。

℅花生及其制品

 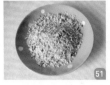 

50　花生，又叫长生果，表皮为红色。可以降低胆固醇。

51　花生粉，为花生烤熟去皮后磨成的粉，如果不去皮也可以，营养会更丰富。

52　花生酱，为花生烤熟去皮后加入糖、盐、橄榄油制作成的酱。分为有颗粒和无颗粒两种，味道都不错。

❧杏仁及其制品

53　美国大杏仁，现名巴旦木，营养价值高，口感也不错。

54　杏仁片，为美国大杏仁去皮后加工而成。

55　杏仁粉，美国大杏仁磨成的粉。

❧红豆及其制品

56　红豆，又叫赤小豆，西点中最常用到的豆类。本身质地较硬，需要泡水后煮熟使用。也可以作为派盘的压石。

57　红豆沙，红豆煮软后，加绵白糖用料理机搅拌成糊并炒制而成。（有的配方中会去皮处理后炒制）

58　蜜红豆，红豆煮软后加入绵白糖而成。

❧水果类

59　苹果，既能减肥，又能帮助消化。常用于烘焙中。

60　橘子，富含维生素C，酸甜可口。

61　草莓，含有大量果胶和纤维，可以帮助消化。

62　芒果，热带水果，有热带果王之称。

63　橙子，果汁含量高，营养价值也很高。

64　猕猴桃，富含多种维生素，有开胃的作用。

65　香蕉，味甜，一般成熟的、表面有麻点的香蕉制作点心更香。

66　柠檬，可以给果酱增香，同时加入蛋白中能稳定蛋白。

67　菠萝，清脆可口，果汁含量多，微酸。

🐄蔬菜类

68　红薯，富含纤维，淀粉含量高。

69　土豆，又名马铃薯，可做主食食用。

70　紫薯，同红薯，颜色为紫色。

71　胡萝卜，蒸熟后加入面点中会让面点的颜色更漂亮。

72　黄瓜，表皮绿色，可以降血压。

73　西红柿，又叫番茄，可以生吃，有美容的功效。

74　青菜，富含维生素C。

75　生菜，颜色翠绿，可生吃。

76　西葫芦，富含多种维生素，钙含量极高。

77　红椒，有辛香味，营养价值高。

78　青椒，辣味较淡，维生素C含量高。

79　洋葱，有辛辣味道，也可生食。

80　蘑菇，高蛋白，低脂肪，适宜多吃。

81　香菜，味香，多用于配菜。

82　葱，一种香辛料。用于烘焙中会有特别的香味。

83　芋头，营养价值高，可用于蒸食。

84　青豆，为速冻产品，食用方便。

85　玉米，可做主食，营养价值高。

86　南瓜，富含维生素C，蒸熟后用于烘焙中，颜色漂亮。

🍫 巧克力类

87　巧克力酱，巧克力制作而成，可以搭配牛奶食用。

88　烘焙用巧克力豆，为耐高温制品，在烤箱中不容易融化。

89　白巧克力，不含可可粉的巧克力，由糖、牛奶、可可脂等制作而成。

90　黑巧克力，含可可粉的巧克力，含糖量低，味道较白巧克力稍苦。

☙其他材料

91 朗姆酒，用于给西点增加特别风味。

92 力娇酒，提拉米苏中不可少的一味调料。

93 柠檬汁，如果家里没有新鲜柠檬，可以用它来代替。

94 色香油，色素的一种，颜色丰富。

95 焦糖浆，淡奶油制作而成，味道香甜。

96 香草精，增加特别风味的精油，如果觉得蛋腥味重可以滴几滴来缓解。

97 果酱，各色果酱可用于西点烘焙中增色。

98 麦芽糖，常用于糖类制品的制作。

99 肉松，肉制品，味道好，营养高。

100 香草豆荚，味道香，需要取出里面的籽来使用。

101 吉利丁片，用于点心凝固时使用。需要用自身五倍以上的水来浸泡。

102 QQ糖，吉利丁粉为主要原料，根据口味不同，颜色有多种，可以用于慕斯蛋糕的制作。

103 千岛酱，沙拉酱的一种，有番茄口味。

104 沙拉酱，蛋黄加入油制作而成，常用于涂抹面包。

105 番茄沙司，红色，味道酸甜。

106 咖喱块，多种香料配制而成，味道独特。

107 虾，水产品，味道鲜美。

108 肉，常做成肉馅用于料理面包中。

109 海苔，颜色为绿色，可以即食。

110 火腿肠，以畜禽肉为主料，加其他调味品制作而成。

111 燕麦片，本书中均为即食燕麦片，可以冲泡牛奶食用。

112 马斯卡膨奶酪，为提拉米苏必备原料之一。

烘焙前注意事项

🍮如何预热烤箱?

当我们进行烘焙的时候,书中总是会提到要提前预热烤箱。那是怎么操作呢?

1　准备一台烤箱。

2　先将烤箱的调节按钮放在上下管上。(如无特别说明,本书一律是上下管烘焙)

3　将下管调节到适合的温度。

4　将上管也调节到适合的温度。(有的烤箱没有上下管单独设定功能,直接旋转到想要的温度即可)

5　插上电源,并旋转时间键10分钟。10分钟是一个大概时间,因为根据烤箱温度设定的不同,会有所变化。

6　这时烤箱灯亮,开始执行命令。(有的烤箱内部没有灯,所以不会亮)

7　上下烤管会发红。

8　当烤管不再发红的时候,烤箱就预热好了。

9　这时,将要烤的食物放进去,进行烘焙。(这里是将烤网一起放进去预热,如果是用烤盘烘焙可不用放入烤网)

注意:

一般烘焙时配方中会有烤箱温度和时间,这个时间是不含预热时间的哦。

⚘为什么要精确称量?

我们拿到配方时,一定要精确称量。因为做西点和做包子、馒头不一样,做包子、馒头,主要是凭手感,能揉成面团就可以了。但制作西点时,材料相差一点,制作出来的成品就会完全不同。

⚘为什么要将面粉过筛呢?

配方中经常会用到面粉,特别是低筋面粉。低筋面粉较容易结团,所以需要过筛后使用。这样制作出来的点心没有面粉颗粒。

1　在案板上放一张油纸,再将面粉倒入面粉筛中。

2　手握住面粉筛的把。

3　按压筛把,面粉就可以轻松地筛出来了。

4　筛子里的面粉越来越少。

5　过筛出细腻的面粉。

6　如果是混合的粉类,只需要将粉类一起倒入面粉筛子中,再进行过筛即可。

⚘量匙换算

1　低筋面粉一小匙≈2.5克,一大匙≈7.5克。

2　高筋面粉一小匙≈2.5克,一大匙≈7.5克。

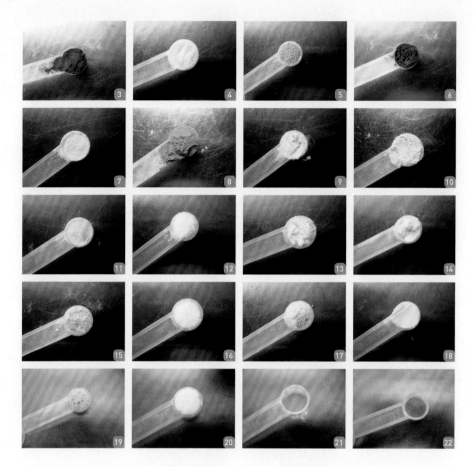

3 红曲粉一小匙≈2.5克，一大匙≈7.5克。

4 吉利丁粉一小匙≈2.8克，一大匙≈8.4克。

5 酵母一小匙≈3克，一大匙≈9克。

6 可可粉一小匙≈1.5克，一大匙≈4.5克。

7 米粉一小匙≈2.5克，一大匙≈7.5克。

8 抹茶粉一小匙≈2.3克，一大匙≈7克。

9 糯米粉一小匙≈2.5克，一大匙≈7.5克。

10 全麦粉一小匙≈2.2克，一大匙≈6.6克。

11 塔塔粉一小匙≈3克，一大匙≈9克。

12 糖一小匙≈4克，一大匙≈12克。

13 无铝泡打粉一小匙≈1.8克，一大匙≈5.5克。

14 小苏打一小匙≈3克，一大匙≈9克。

15 杏仁粉一小匙≈2克，一大匙≈6克。

16 盐一小匙≈4克，一大匙≈12克。

17 芝士粉一小匙≈2克，一大匙≈6克。

18 中筋面粉一小匙≈3克，一大匙≈9克。

19 鸡蛋液一小匙≈5克，一大匙≈15克。

20 牛奶一小匙≈5克，一大匙≈15克。

21 水一小匙≈5毫升，一大匙≈15毫升。

22 植物油一小匙≈5克，一大匙≈15克。

PART
02

烘焙食品篇
Baking
Food

爱不释手的10款手工饼干

饼干制作注意事项

如何正确打发黄油？

制作饼干中，最关键的步骤就是打发黄油。黄油有没有打发好，和饼干制作出来的酥松度有很大关系。

1 先将黄油从冰箱取出，切成小块，更容易软化。如果室温比较低，可以在容器侧面用电吹风吹至软化。

2 用电动打蛋器打至膨松。

3 加入糖粉或细砂糖。

4 因为糖粉是粉末状，容易在打发的时候四下飞溅，所以先用电动打蛋器不通电搅拌几下，直至糖粉和黄油混合。

5 再用电动打蛋器打至膨松。

左为打发好的黄油，右为打发失败的黄油

加入蛋液的时机

配方中需添加蛋液时，一定要分次加入。而且蛋液要保持在20℃左右，这样容易加入且不易油水分离。

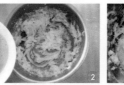

1 准备鸡蛋液和打至膨松的黄油。

2 分次加入蛋液。

3 每加入一次蛋液，打至顺滑后，再加入下一次蛋液。

⚘翻拌的手法

1 面粉量较大的材料混合。

2 用刮刀将材料从底部托起。

3 将刮刀转变方向,材料翻向下方。

4 重复此步骤。

5 稀糊状的稠液体混合。

6 同样将刮刀从底部开始往上托起稠液体。

7 将刮刀转侧面,液体滴落。

8 重复此步骤。

⚘切拌的手法

切拌材料的目的是为了让面团不出筋。所以只是用切的方式来操作,而不是大力搓揉面团。

1 用切菜的方式,将刮刀从盆一边开始切。

2 一直切到盆的另一边。

3 再换位置,继续切拌。

4 再次切到底,重复即可。

⚘抓捏的手法

所谓抓捏,就是直接用手混合面团的一种方式。

1 直接用手将面团抓起。

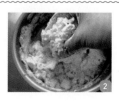

2 捏一捏后,将面团松开。

3　重复第一步。

4　捏一捏，直至看不见干面粉，成团即可。

🍪饼干的包装

精心制作好的饼干，一般都是装入饼干袋中密封保存。

如果在饼干包装上再扎个丝带作装饰，送人会更漂亮哦。

1

核桃燕麦巧克力豆饼干

◎ 难易程度：简单　★☆☆☆☆

◎ "时"全食美：半小时 ⓘ

一款有着丰富营养的饼干，而且制作相当简单，但却非常好吃哦。

原料

核桃30克
低筋面粉150克
即食燕麦片30克
无铝泡打粉4克
鸡蛋50克
黄油100克
细砂糖40克
巧克力豆30克

分量

12块

烤制

175℃，中层，上下火，20分钟左右。

烘焙工具

打蛋盆、刮刀、面粉筛、秤、电动打蛋器、烤盘。

准备工作

1　低筋面粉和无铝泡打粉混合过筛备用。

2　鸡蛋提前从冰箱取出，打散成蛋液备用。

3　黄油室温下软化至20℃左右。

4　核桃切碎备用。

5　饼干烤制前，提前10分钟预热烤箱。

做法

1　黄油室温下软化，加入细砂糖。

2　用电动打蛋器打发至颜色发白。（为什么要打到颜色发白？因为只有这样，黄油才会比较膨松，制作出来的饼干就会酥松好吃）

3　分次加入鸡蛋液。

4　打发均匀。（每加一次蛋液，搅拌均匀后再加下一次）

5　打发好的黄油中倒入切碎的核桃，和过筛后的低筋面粉。

6　倒入巧克力豆和即食燕麦片。

7　翻拌均匀。

8　将面团均匀分成12小块，每块都用手按压成圆饼形，放在烤盘上。烤箱预热好后，将烤盘放入烤箱中层，175℃烤20分钟左右即可。

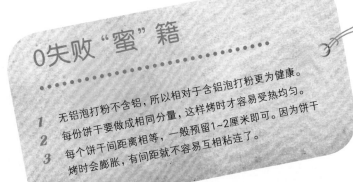

0失败"蜜"籍

1　无铝泡打粉不含铝，所以相对于含铝泡打粉更为健康。

2　每份饼干要做成相同分量，这样烤时才容易受热均匀。

3　每个饼干间距离相等，一般预留1~2厘米即可。因为饼干烤时会膨胀，有间距就不容易互相粘连了。

2

腰果饼干

- 难易程度：简单 ★☆☆☆☆
- "时"全食美：1小时 ⏱

腰果可以润肠通便，延缓衰老。用它来点缀饼干，更有档次哦。

原料

饼干原料
黄油50克
鸡蛋20克
低筋面粉100克
糖粉40克
表面装饰
腰果20粒
蛋液少许

分量

20块

烤制

175℃，中层，上下火，20分钟左右。

烘焙工具

打蛋盆、刮刀、面粉筛、秤、电动打蛋器、烤盘。

准备工作

1　低筋面粉过筛备用。

2　鸡蛋提前从冰箱取出，打散成蛋液备用。

3　黄油室温下软化至20℃左右。

4　饼干烤制前，提前10分钟预热烤箱。

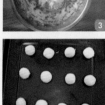

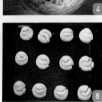

1　黄油切小块室温下软化。

2　加入糖粉。

3　用电动打蛋器打发好后，分次加入蛋液。

4　打发均匀。

5　倒入过筛后的低筋面粉。

6　混拌均匀，盖上盖醒15分钟。（为什么要醒一会儿呢?因为面团加入蛋液醒一下，蛋白质吸收水分，下面更易操作）

7　将面团依次分成10克一个的小面团，并用手捏成圆形。

8　每个圆形上面用蛋液粘一个腰果并按扁，将其放入烤盘中，烤箱预热好后，将烤盘放入烤箱中层175℃烤20分钟左右即可。

0失败"蜜"籍

1　这里为什么要用蛋液粘上腰果呢? 因为腰果和饼干不太容易粘住，所以加上点蛋液来增加黏性。

2　腰果不用提前烤制。

3

...的腰果，下面一...太美味啦。

方块腰果酥

◎ 难易程度：中等 ★★★☆☆

◎ "时"全食美：1小时 ●

原料

饼干底	馅料
低筋面粉105克	细砂糖25克
黄油50克	蜂蜜20克
鸡蛋30克	鸡蛋20克
糖粉20克	腰果125克
	黄油30克

分量

9块

烤制

180℃，中层，上下火，共计30分钟左右。

烘焙工具

打蛋盆、秤、油纸、面粉筛、电动打蛋器、六寸方形活动蛋糕模、小锅、叉子、刮板、筷子、一次性手套、刮刀。

准备工作

1　低筋面粉提前过筛。

2　鸡蛋提前从冰箱取出，放回至室温。

3　黄油提前从冰箱取出，室温下软化至20℃。

4　饼干烤制前，提前10分钟预热烤箱。

做法

1　黄油提前室温下软化至20℃，用电动打蛋器打发。

2　加入糖粉。

3　用电动打蛋器不通电，先搅拌均匀。

4　然后再打发好。

5　分次加入室温下的鸡蛋。

6　每次都要搅拌均匀再加下一次。

7　加入过筛后的面粉。

8　然后翻拌均匀。

9　准备一个方形模具。

10　将面团放入模具中。

11　戴上一次性手套，将饼干面团压平。

12　也可以借助软刮板的力量将饼干面团压平。

13　用叉子扎几个小眼，然后将模具放在烤网上，并放入预热好的烤箱中层，烤10分钟左右。

14　小锅里放入馅料中的黄油、细砂糖和蜂蜜。

15　用电磁炉加热。

16　直至黄油融化为止。

17　黄油融化好后放凉，将鸡蛋液倒入，搅拌均匀。（为什么要将黄油液放凉?因为放凉后的黄油液加入鸡蛋不容易烫熟蛋液）

18　倒入腰果搅拌均匀。

19　将烤了10分钟的饼干面团取出。

20　将腰果馅料倒入模具中。

21　用刮刀抹平。

22　再次放入烤箱内烤20分钟左右即可。

0失败"蜜"籍

1　模具外面不用裹锡纸，这里用的模具边长约15厘米。

2　腰果馅也可以改成核桃馅、芝麻馅，不用提前烤熟。

熊猫饼干

◉ 难易程度：中等 ★ ★ ★ ☆ ☆

◉ "时"全食美：1个半小时

原料

黑色面团
黄油50克
低筋面粉90克
可可粉10克
鸡蛋液18克
细砂糖40克

黄色面团
黄油25克
低筋面粉50克
鸡蛋液10克
细砂糖15克

表面装饰
鸡蛋液少许

分量

16块

烤制

175℃，中层，上下火，20分钟左右。

烘焙工具

打蛋盆、刮刀、擀面棍、电动打蛋器、面粉筛、秤、保鲜袋、饼干模、电吹风、烤盘。

准备工作

1 黑色面团中低筋面粉和可可粉混合过筛。

2 黄色面团中低筋面粉过筛。

3 鸡蛋提前从冰箱取出回温。

4 黄油提前室温下软化至20℃。

5 饼干烤制前，提前10分钟预热烤箱。

熊猫是我国的国宝，特别讨人喜欢。用来做成饼干的样子，一定会吸引不少小朋友。

做法

处理黄油

1 黄油切成小块，室温下软化。

2 黄油如果冬天室温下软化不给力的话，可以用电吹风吹一下。

3 黄油表面有些发软即可。

4 用电动打蛋器打发至白色，如图片上这样即可。

5 加入细砂糖。

6 打发至砂糖溶化。

7 回温好的鸡蛋打散成蛋液。

8 分次加入蛋液，如果一次加入蛋液，容易引起油水分离。

9 打发均匀。

下面分别处理黄色面团和黑色面团。（黄色面团和黑色面团处理黄油的步骤相同）

黄色面团做法

10 打发好的黄油中，倒入过筛后的低筋面粉。

11 翻拌均匀，这里不要过度搅拌，否则会引起饼干烤时变形。

12 放入保鲜袋中擀薄，厚度约0.2厘米，并放冰箱冷藏30分钟。

黑色面团做法

13 打发好的黄油中，倒入可可粉和低筋面粉混合物。

14 同样翻拌均匀。

15 放入保鲜袋中，擀成薄长方形，厚度约0.2厘

米，放冰箱冷藏30分钟。

16 从冰箱取出冷藏好的面团，撕掉保鲜袋，将面团放在案板上，用饼干模先压黄色面片，压出熊猫的眼睛和嘴巴。

17 再压出熊猫的头。

18 取出黑色面片，用饼干模压出熊猫身体。

19 多出来的面片不要浪费，可以再按压成片状，继续压制。

20 将黄色面团中熊猫头和身体的背部沾少许蛋液。

21 将黄色的头和身体压在黑色熊猫身体上粘牢。将制作好的饼干，依次放入烤盘中，烤箱预热175℃，将烤盘放入烤箱中层，烤20分钟左右，上色即可。

0失败"蜜"籍

1 黄油一定要软化到室温20℃左右，如果室温过低，可以用微波炉或电吹风，让它达到20℃，但记得，不要软化过头，变成液体就不行了。

2 这次操作的是造型饼干，黄油不要过度打发。否则在烤箱内膨胀变形，就不好看了。

3 这个饼干由两种颜色组合而成，最好用少许蛋液粘一下，会更容易牢固。

4 在压熊猫的时候，一定要先压眼睛，再压头，因为眼睛先出来，头部好固定。如果先压头部，眼睛容易受到挤压，会开裂变形不好看。

麋鹿饼干

◎ 难易程度：中等 ★★★☆☆
◎ "时"全食美：2小时 🕐🕐

圣诞节就快到了，传说中圣诞老人会驾着车给每个听话的小朋友送礼物。

所以小朋友们圣诞前的那个晚上就特别兴奋，希望圣诞老人能到自己家里来。

家长们会在这个时候，买一些小礼物偷偷藏在小朋友的房间。

于是第二天，就成了小朋友们的节日了。

那圣诞老人在哪儿呢？瞧，他驾着车就要来了！

原料

饼干原料	蛋白糖霜
低筋面粉200克	蛋白10克
细砂糖50克	糖粉60克
蜂蜜30克	白醋2滴
黄油40克	各种颜色色素少许
水30毫升	**表面装饰**
肉桂粉4克	卡通糖、银珠糖各
姜黄粉1克	少许
鸡蛋25克	

0失败"蜜"籍

1. 饼干不要压得太厚，0.4厘米就可以了。烤的时候避免大饼干突起。所以要扎眼。小的饼干不用扎眼。

2. 粘的时候，糖霜打得稍厚些，这样粘好的饼干才不容易倒。凝固的时间长一点，凝固好后再做其他装饰。

3. 粘饼干的糖霜，和圣诞树表面的糖霜稀稠度不一样。圣诞树表面的糖霜要稀一点。

分量

1份

烤制

175℃，中层，上下火，20分钟左右。

烘焙工具

打蛋盆、面粉筛、秤、刮刀、保鲜膜、案板、纸、笔、小刀、尺子、叉子、烤盘、裱花袋、剪子、擀面棍。

准备工作

1. 低筋面粉和肉桂粉、姜黄粉混合过筛。

2. 鸡蛋提前从冰箱取出，打散成蛋液。

3. 黄油提前室温下融化成液体。

4. 饼干烤制前，提前10分钟预热烤箱。

做法

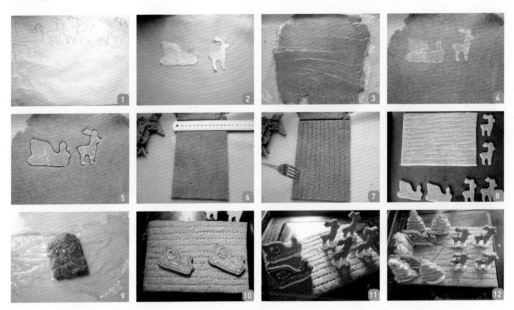

1   饼干原料中的所有材料混合均匀，盖上保鲜膜静置30分钟备用。先画一下饼干的图纸。

2   将画好的图形剪下来。

3   将面团放上保鲜膜，在案板上擀成0.4厘米的薄片。

4   将图纸放在面片上。

5   用小刀将饼干模型从面片上取出来。总共做四个麋鹿，两个雪橇侧面，一个雪橇后背。

6   再做一个长方形面片。

7   用叉子在长方形面片上叉些小眼。

8   将饼干放入烤盘中。

9   如果一个烤盘放不下，多出的其他面团压出一些圣诞树以及其他形状的小饼干，它们和雪橇后背
    单独再烤一次。

10 烤箱175℃预热，中层，将烤盘放入烤箱进行20分钟左右烤制，取出后放凉。将蛋白加入糖粉打至
    要滴不滴状态，再加入白醋打几下。然后分别装在不同的裱花袋中，花袋中根据需要加入色素揉均
    匀。裱花袋剪一个极小的小洞，在饼干上挤出花形，并用银珠糖、卡通糖进行装饰。

11 将麋鹿和雪橇粘在长方形饼干片上。这时不要急于松手，凝固的时间会长一点。如果想凝固得快点，
    蛋白糖霜需打得稠一点。

12 用糖霜和银珠糖、卡通糖装饰几个圣诞树放在旁边。最后请出圣诞老人和礼物就可以啦。

6 肉松酥饼

◎ 难易程度：中等 ★ ★ ★ ☆ ☆

◎ "时"全食美：1小时 ⊙

用肉松来做饼干，是很常见的。但把肉松藏在饼干里面，咬下去才能看到惊喜，一定给品尝的人带来不一般的感觉！

饼干不是很大，大人、小朋友吃起来都非常方便哦。

原料	黄油50克	糖粉40克
	鸡蛋20克	肉松20克
	低筋面粉100克	

分量

20块

烤制

180℃，中层，上下火，20分钟左右。

烘焙工具

打蛋盆、刮刀、电动打蛋器、叉子、烤盘、秤、面粉筛、烤网。

准备工作

1 低筋面粉过筛。

2 鸡蛋提前从冰箱取出回温，打成蛋液。

3 黄油提前切小块室温下软化到20℃。

4 饼干烤制前，提前10分钟预热烤箱。

做法

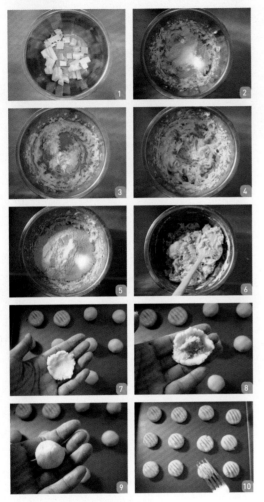

0失败"蜜"籍

1　黄油要充分软化，才容易打发。如果打发不足，黄油会沾在打蛋头上，不容易操作，制作出来的饼干也不会酥松。

2　饼干要求每份分量精准，可以直接放在烤盘上烘烤。不需要使用硅胶垫或油布。

1　黄油切小块室温下软化。

2　加入糖粉。

3　用电动打蛋器打发好后，分次加入蛋液。

4　打发均匀。

5　倒入过筛后的低筋面粉。

6　混拌均匀，醒15分钟。（为什么此处要醒15分钟？我直接操作可不可以？醒一下面团，可以让面团中的面粉有效吸收面团里的水分。直接操作也可以，但醒一下是为了更好操作）

7　分成10克一个的小面团，用手捏成圆片形。

8　包入肉松馅。

9　收口成团。

10　放入烤盘上，用沾上面粉的叉子压出纹路，烤箱180℃预热，将烤盘放在烤网上，并放入烤箱中层，烤20分钟左右。（为什么要用叉子沾些面粉压出纹路？用叉子装饰饼干表面时，有可能会粘饼干，将叉子沾些面粉，可以有效防粘）

7 蔓越莓饼干

◎ 难易程度：简单 ★ ☆ ☆ ☆ ☆

◎ "时"全食美：1小时 ⏱

我们有些时候做烘焙点心，会多出些蛋黄或蛋白。如果多出蛋白的话，可以用来做天使蛋糕，或是蛋白脆饼。如果多出蛋黄呢，可以用来做卡仕达酱，或是这款蔓越莓饼干喽。

原料

黄油60克
细砂糖40克
蛋黄2个
低筋面粉100克
蔓越莓10克

分量

50块

烤制

180℃，中层，上下火，15分钟左右。

烘焙工具

打蛋盆、面粉筛、擀面棍、电动打蛋器、刮刀、保鲜袋、饼干模、烤盘、油布。

准备工作

1　低筋面粉过筛。

2　鸡蛋提前从冰箱取出，只留蛋黄备用。

3　黄油提前室温下软化至20℃。

4　蔓越莓切碎粒备用。

5　饼干烤制前，提前10分钟预热烤箱。

做法

 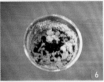 

1　黄油在室温下软化。

2　黄油中加入细砂糖打发至颜色发白。

3　分次加入2个蛋黄打发好。

4　低筋面粉倒入打发好的黄油中。

5　混拌均匀。

6　倒入切碎的蔓越莓。

7　放在保鲜袋中用擀面棍擀平，放冰箱冷藏20分钟。（为什么要用到保鲜袋？因为用保鲜袋操作，不易粘面糊，且保鲜袋形状是长方形的，容易使面团成形）

8　冷藏过后，取出面片，撕掉保鲜袋，用饼干模子切成想要的形状。

9　放在烤盘中，烤箱180℃预热，放第二层烤15分钟。

0失败"蜜"籍

1　这里放了蔓越莓，也可以放葡萄干或其他果干。不过之前要放在朗姆酒或蜂蜜里泡一下，口感更好。

2　烤的过程不能一心二用，经常查看，不要烤煳了。这里是放在油布上烤制的，也可直接放在烤盘上，但要注意放凉后再取出饼干，否则容易碎。

3　此款饼干很酥，一不小心就会碰坏了。也很适合老年人食用。

8 杏仁脆饼

- 难易程度：简单 ★☆☆☆☆
- "时"全食美：1小时

杏仁脆饼似乎一点也不特别，但仔细一看，饼干条上全是杏仁片，果然是用料十足。

原料

黄油60克
鸡蛋30克

糖粉50克
低筋面粉150克

无铝泡打粉3克
杏仁片45克

分量
12块

烤制
180℃，中层，上下火，共计30分钟左右。

烘焙工具
打蛋盆、秤、油纸、面粉筛、电动打蛋器、擀面棍、硅胶垫、烤盘、刀、案板。

准备工作

1　低筋面粉和无铝泡打粉提前混合过筛。

2　鸡蛋提前从冰箱取出放回室温，并打散搅拌均匀。

饼干烤制前，提前10分钟预热烤箱。

做法

1　黄油回温后用电动打蛋器打发。

2　加入糖粉。

3　电动打蛋器不通电，先搅拌均匀。

4　再打发好。

5　分次加入室温下的鸡蛋液。

6　每加一次都要搅拌均匀再加下一次。

7　搅拌好后，加入过筛后的面粉。

8　倒入杏仁片。

9　翻拌均匀。

10　整形成圆形并尽量压薄，放在烤盘上，烤箱180℃预热好后，将烤盘放入烤箱中层烤20分钟左右。

11　取出，放凉后再切片。

12　将切好片的杏仁脆饼放入预热好的烤箱中再烤10分钟即可。

0失败"蜜"籍

1　脆饼的面团需擀薄一点，因为烤时还会膨胀。

2　烤好后的饼干，要放凉后用保鲜袋扎好，这样不会回软。

9

双色饼干

◎ 难易程度:中等 ★★★☆☆
◎ "时"全食美:1个半小时

这是一款双色饼干,用的可可粉配色,你也可以用抹茶粉、红曲粉,做出适合自己的饼干来。

原料

黑色面团
黄油50克
低筋面粉90克
可可粉10克
鸡蛋液18克

细砂糖40克
黄色面团
黄油25克
低筋面粉50克
鸡蛋液10克

细砂糖15克
表面装饰
鸡蛋液少许

分量

100块

烤制

175℃，中层，上下火，15~20分钟。

烘焙工具

打蛋盆、刮刀、电动打蛋器、秤、面粉筛、电
吹风、烤盘、刀、案板。

准备工作

1　黑色面团中低筋面粉和可可粉混合过筛。
2　黄色面团中低筋面粉过筛。
3　黄油提前室温下软化到20℃。
4　饼干烤制前，提前10分钟预热烤箱。

做法

   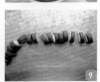

分别处理黄色面团和黑色面团。（黄色面团和黑色面团处理黄油的步骤相同，见第32页）

黄色面团做法

1　打发好的黄油中，倒入过筛后的低筋面粉。
2　翻拌均匀，这里不要过度翻拌，否则烤时会引起饼干变形。盖盖醒15分钟。

黑色面团做法

3　打发好的黄油中，倒入可可粉和低筋面粉混合物。
4　同样翻拌均匀，盖盖醒15分钟。
5　将黄色面团搓成圆长条形。

6　黑色面团擀成同样长度的长方形。
7　在黑色面片的表面刷上蛋液。
8　然后用黑色面片包裹住黄色圆长条。
9　切成0.5厘米左右的小圆形片。放入预热好的烤箱中，烤15~20分钟即可。

0失败"蜜"籍

注意排放饼干时，在饼干中间要留有间隙。这样不会因为烤制时面团膨胀而变形。

10

桃酥

- 难易程度：简单 ★☆☆☆☆
- "时"全食美：1小时 🕐

原料

中筋面粉150克	鸡蛋30克
植物油60克	绵白糖45克
小苏打3克	

分量

12块

烤制

180℃，中层，上下火，20分钟左右。

烘焙工具

打蛋盆、刮刀、电动打蛋器、秤、面粉筛、月饼模具、烤盘。

准备工作

1. 中筋面粉和小苏打混合过筛。
2. 鸡蛋提前从冰箱取出。
3. 饼干烤制前，提前10分钟预热烤箱。

小小的桃酥，还是小时候吃过的味道，只是换了一下模具的形状，立马就有了新意。

做法

1. 鸡蛋加入植物油和绵白糖。
2. 用电动打蛋器搅拌两分钟。（搅拌过后，蛋液中会混入空气，这样制作出来的饼干才会更容易膨松起酥）
3. 倒入过筛后的面粉。
4. 混拌均匀。
5. 取一个月饼模具，在模具中撒上面粉并倒出。
6. 将面团分成23克左右一个的小剂子，放入月饼模具中。
7. 在烤盘上，压出形状。
8. 其他依次做好，并排放整齐后，放入预热好的烤箱中层，烤20分钟左右。

0失败"蜜"籍

1. 这款饼干是不需要用力揉的。
2. 这里用的月饼模具是50克左右的大小。
3. 饼干不要太厚，否则会不容易烤熟。

制作简单的纸杯蛋糕 **8** 款

纸杯蛋糕的注意事项

可爱的小纸杯蛋糕，特别适合小朋友们食用，制作起来并不复杂，而且利于存放。那么，在制作纸杯蛋糕时又有哪些讲究呢？

纸杯大小有讲究

选择的纸杯或大或小，在制作纸杯蛋糕的时候，时间和温度上是一样的吗？

因为纸杯大小不一样，所以建议大的纸杯烘焙时间长一点，温度低一点，而小的纸杯呢，可以时间短一点，温度高一点，会得到比较好的效果。

挤入面糊全靠它

我们都知道，在做裱花蛋糕的时候，裱花袋是不可少的一项烘焙工具，那么在小纸杯蛋糕中，它又起到什么样的作用呢？

因为纸杯较小，所以将面糊装入裱花袋，再挤入纸杯中，可以得到更好的效果，不会将面糊滴得到处都是。

如果没有裱花袋，可以借助小勺，但效果要差很多。

一半一半易吸收

有些配方中会提示大家，液体和面粉要交替放入，这又是为什么呢？

因为如果一次加入液体量过大，再一次性加入面粉，这样不容易混拌均匀，甚至会导致蛋糕出筋，所以需要分次加。

有些原料要处理

如果我们用枣干来做蛋糕，在口感上会较差，如果将枣干稍煮一下，那绵软的口感和蛋糕交融在一起，会更棒。而香蕉呢，本身就是很软的了，提前将它压碎就可以了。

果干浸泡效果好

果干如葡萄干、蔓越莓干等作为表面装饰材料时，烘烤会蒸发水分，如果不提前浸泡的话，烤的结果就是葡萄干会变糊，谈不上好吃了。如果我们提前将果干浸泡，那在烤的时候蒸发的是水分，这样葡萄干最后吃起来一样美味。如果是芝麻、干果类食材，直接加入就可以了。

酸奶葡萄干马芬

◉ 难易程度：简单 ★ ☆ ☆ ☆ ☆

◉ "时"全食美：1个半小时 🕐🕐

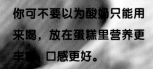

你可不要以为酸奶只能用来喝，放在蛋糕里营养更丰富，口感更好。

原料

黄油50克　　酸奶60克　　葡萄干30克
鸡蛋50克　　低筋面粉100克
细砂糖35克　　无铝泡打粉3克

分量

5个

烤制

180℃，中层，上下火，20分钟左右。

烘焙工具

打蛋盆、刮刀、面粉筛、秤、电动打蛋器、直径6厘米，高3.5厘米纸杯、裱花袋、烤网。

准备工作

1. 低筋面粉和无铝泡打粉混合过筛。
2. 葡萄干泡温水备用。
3. 鸡蛋提前从冰箱取出回温，打成蛋液。
4. 黄油提前室温下软化至20℃。
5. 点心烤制前，提前10分钟预热烤箱。

做法

1. 软化的黄油放入无油无水的容器中，并加入细砂糖。
2. 用电动打蛋器打发，并分次加入室温蛋液，蛋液每次放得越少，越不容易油水分离。
3. 打发好的样子。
4. 低筋面粉和泡打粉混合后过筛，取一半的酸奶和面粉倒入打发好的黄油中混拌均匀。
5. 混拌好后，再放另一半的面粉和酸奶混合均匀，注意不要出筋，面糊也不要搅拌得太光滑。
6. 倒入葡萄干，留下几粒放面糊表面。
7. 将面糊放入裱花袋中，花袋剪一个大口子，将面糊挤入小纸杯模具中，上面再放几粒葡萄干。烤箱180℃预热，将小纸杯放在烤网上，并放入烤箱中层烤20分钟左右。

0失败"蜜"籍

1. 葡萄干为什么要泡温水？泡过水的葡萄干烤时不会被烤箱烤干烤煳。

2. 为什么第五步面糊不要搅拌得太光滑？因为这样容易出筋，会导致蛋糕太筋道，松软度不够。

2

南瓜青菜马芬蛋糕

◉ 难易程度：简单 ★☆☆☆☆
◉ "时"全食美：半小时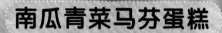

在马芬蛋糕里加了南瓜和蔬菜，吃起来软绵绵的，最重要是
操作简单方便，而且小朋友还能多吃些菜。

原料

分量

3个

烤制

180℃，中下层，上下火，30分钟左右。

烘焙工具

打蛋盆、蒸笼、刮刀、刀、面粉筛、秤、手动打蛋器、高5.5厘米，底直径6.5厘米，上直径7.5厘米纸杯、烤盘。

鸡蛋100克
植物油80克
细砂糖50克
低筋面粉100克
无铝泡打粉3克
南瓜100克
青菜30克

准备工作

1 南瓜去皮，青菜清洗干净备用。

2 低筋面粉和无铝泡打粉混合过筛。

3 蛋糕烤制前，提前10分钟预热烤箱。

做法

1 南瓜去皮后切片。（切成薄片蒸更容易熟）

2 放入蒸笼中，蒸20分钟。

3 青菜清洗后焯水。（焯水后青菜颜色更漂亮）

4 切成菜末。

5 鸡蛋加入细砂糖。

6 搅拌均匀。

7 加入植物油。

8 再次搅拌均匀。

9 倒入过筛后的低筋面粉和泡打粉。

10 加入南瓜和菜末。

11 混拌均匀。

12 倒入蛋糕纸杯中，烤箱180℃预热，将小纸杯放入烤盘上，并放在烤箱中下层，烤30分钟左右。（怎样才知道熟没熟呢？取出蛋糕纸杯，用牙签扎一下蛋糕内部，牙签上没有沾蛋糕屑就是熟了。）

0失败"蜜"籍

1 这里用的是中号纸杯，如果选择小号纸杯，烤的时间就要缩短。

2 为了操作方便，这里用的是植物油，也可以使用液化的黄油替代。

3

抹茶蜜豆杯子蛋糕

◎ 难易程度：简单 ★☆☆☆☆
◎ "时"全食美：半小时

抹茶和蜜豆是绝配，这个蛋糕特别适合春天吃。

原料

黄油100克
细砂糖60克

鸡蛋100克
蜜红豆100克

低筋面粉96克
抹茶粉7克

分量

6个

烤制

170℃，中层，上下火，20分钟左右。

烘焙工具

打蛋盆、刮刀、面粉筛、秤、电动打蛋器、裱花袋、直径6厘米，高3.5厘米纸杯、刮板、烤盘。

准备工作

1 低筋面粉和抹茶粉混合过筛。

2 鸡蛋提前从冰箱取出回温，打成蛋液。

3 黄油提前室温下软化至20℃。

4 蛋糕烤制前，提前10分钟预热烤箱。

做法

1. 混合面粉时可以另外加3克无铝泡打粉，这样更适合新手。
2. 软化的黄油加入细砂糖，用电动打蛋器打发。
3. 分次加入室温下的蛋液。
4. 打发均匀，因为蛋量很多，所以要格外注意打至顺滑。
5. 倒入混合后的低筋面粉。
6. 翻拌均匀，再加入蜜红豆。
7. 翻拌均匀。
8. 将面糊装入裱花袋中。
9. 用刮板将裱花袋的面糊往前移动，用这种方法可以很轻松地将裱花袋里的面糊全部挤干净。
10. 将蛋糕面糊挤入小纸杯中，约八分满，将纸杯放入烤盘上，烤箱170℃预热，将烤盘放入烤箱中层烤20分钟左右即可。

0失败"蜜"籍

黄油一定要先软化，一般软化的方法有三种。

1. 黄油切成小块放微波炉解冻一两分钟即可。（中间随时取出来看看，以防止黄油融化）
2. 黄油切小块放60℃预热后关掉的烤箱，一会儿就会变软。
3. 黄油切成小块，用电吹风吹。

4

巧克力核桃蛋糕

- 难易程度：简单 ★ ☆ ☆ ☆ ☆
- "时"全食美：半小时 ⓘ

蛋糕里加入核桃，丰富了小蛋糕原本单一的口感。

原料

低筋面粉85克　　　牛奶50克　　　　　核桃30克
无铝泡打粉3克　　　植物油50克　　　　绵白糖50克
可可粉10克　　　　鸡蛋45克

分量

5个

烤制

175℃，中下层，上下火，20分钟左右。

烘焙工具

打蛋盆、刮刀、面粉筛、秤、手动打蛋器、直径7厘米，高5.5厘米中号纸杯、裱花袋、烤盘。

准备工作

1　核桃仁150℃烤8分钟，并切碎备用。

2　低筋面粉和可可粉、无铝泡打粉混合过筛。

3　蛋糕烤制前，提前10分钟预热烤箱。

做法

7　再倒入核桃碎，核桃越碎越好。

8　搅拌匀的面糊装入裱花袋中，挤入纸杯模具中。

9　模具装八分满。

10　放入预热好的烤箱，175℃中下层烤20分钟左右。

1　牛奶倒入容器中。

2　加入植物油。

3　加入鸡蛋搅拌均匀。

4　倒入绵白糖。

5　再次搅拌均匀。

6　将过筛后的面粉、可可粉、泡打粉倒入鸡蛋液中。

0失败"蜜"籍

1　所谓植物油就是平时炒菜用的油。

2　核桃和可可粉比较搭，也可以换成其他果仁来制作这款蛋糕。

5 黑芝麻米粉蛋糕

◎ 难易程度：简单 ★☆☆☆☆
◎ "时"全食美：半小时 ⏱

吃多了面粉制作的小蛋糕，这次用米粉来做，口感会大不一样哦。

原料

大米粉100克
无铝泡打粉3克
鸡蛋43克

绵白糖50克
黑芝麻5克
植物油30克

牛奶30克

分量
4个

烤制
170℃，中下层，上下火，20分钟左右。

烘焙工具
打蛋盆、刮刀、面粉筛、秤、手动打蛋器、直径6厘米，高3.5厘米中号卷边纸杯、烤盘。

准备工作
1 大米粉和无铝泡打粉混合过筛。
2 蛋糕烤制前，提前10分钟预热烤箱。

做法

1 鸡蛋加入绵白糖。

2 搅拌均匀。

3 将米粉和泡打粉的混合物倒入鸡蛋液中。

4 倒入植物油。

5 稍拌再倒入牛奶。

6 混拌均匀。

7 倒入黑芝麻。

8 混拌均匀。

9 将面糊倒入纸杯模具中。

10 再在模具中撒少许黑芝麻装饰。

11 烤箱170℃预热好后，将小纸杯放在烤网上并放入烤箱中下层，烤20分钟左右。

0失败 "蜜" 籍

大米粉就是平时吃的大米磨成的粉。

1 黑芝麻不用事先烤熟。

2 小纸杯装入面糊约八成满即可。

3

6

焦糖红枣马芬

◎ 难易程度：简单★☆☆☆☆

◎ "时"全食美：半小时

平时就喜欢吃红枣的人千万别错别这款蛋糕。蛋糕里加些红枣可以美容哦。

原料

植物油30克
牛奶50克
鸡蛋20克
焦糖浆50克
低筋面粉100克
无铝泡打粉3克
盐1克
红枣25克

分量

3个

烤制

170℃，中层，上下火，20分钟左右。

烘焙工具

打蛋盆、刮刀、面粉筛、秤、电动打蛋器、边长4.5厘米左右方形纸杯、烤盘。

准备工作

1　低筋面粉和无铝泡打粉混合过筛。
2　红枣加水煮软后切碎。
3　蛋糕烤制前，提前10分钟预热烤箱。

做法

1　红枣需要煮软，如果你用的是阿胶蜂蜜红枣，就可以省略这个步骤。
2　过筛后的面粉加入盐。
3　植物油、牛奶、鸡蛋、焦糖浆混合均匀。
4　将液体材料倒入低筋面粉中。
5　混合均匀后，加入切碎的红枣。
6　再混合均匀。
7　将面糊倒入小纸杯中，烤箱170℃预热，将小纸杯放入烤盘再放入烤箱中层，烤20分钟左右即可。

0失败"蜜"箱

1　制作马芬，最关键是要注意不要太过搅拌。如果马芬内部出现大的空洞，说明搅拌过度了。
2　因为模具大小不一样，所以在烤制的时候，温度要适当调整。
3　马芬什么样才算是熟了呢，用牙签扎一下，如果不沾蛋糊就说明熟了。

7 蓝莓马芬

◎ 难易程度：简单 ★☆☆☆☆

◎ "时"全食美：半小时 🕐

在繁忙的工作中，能够有适当的闲暇，是很惬意的。休闲的时候，听听歌，吃吃下午茶，就能感到生活很美好。

原料

鸡蛋50克
绵白糖30克
植物油50克
低筋面粉100克
无铝泡打粉3克
酸奶50克
蓝莓干30克

分量

15个

烤制

175℃，中层，上下火，18
分钟左右。

烘焙工具

打蛋盆、刮刀、面粉筛、
秤、手动打蛋器、硅胶蛋糕
模、烤网。

准备工作

1　低筋面粉和无铝泡打粉
　　混合过筛。
2　鸡蛋提前从冰箱取出
　　回温。
3　蛋糕烤制前，提前10分
　　钟预热烤箱。

做法

1　鸡蛋、绵白糖和植物油
　　倒入容器中。
2　搅拌好后加入酸奶。
3　将过筛好的低筋面粉和
　　泡打粉倒入鸡蛋液中。
4　混拌好后再加入蓝莓干。

5　混拌好的样子。
6　将蛋糕面糊倒入蛋糕模
　　具中，烤箱175℃预热，
　　将蛋糕模放入烤网上，
　　并放烤箱中层烤18分钟
　　左右上色即可。

0失败"蜜"籍

1　这里用的是蓝莓干，也可以用蔓越莓干。
2　混拌的时候，一定不能让面粉出筋，出筋后蛋
　　糕会不太松软。
3　这是一款非常基础的马芬做法，所有材料只需
　　搅拌就可以了。

8

香蕉奶酪蛋糕

◎ 难易程度：简单 ★☆☆☆☆
◎ "时"全食美：半小时 ◐

加入了香蕉的蛋糕，会有着香蕉浓浓的味道。特别是放了一两天后，香蕉的风味更浓郁。喜欢香蕉的朋友可不要错过哦。

原料

黄油75克
鸡蛋50克
细砂糖50克
低筋面粉140克
无铝泡打粉4克
香蕉1根
三角奶酪1块

分量

5个

烤制

180℃，中层，上下火，25~30分钟。

烘焙工具

打蛋盆、刮刀、面粉筛、秤、电动打蛋器、上直径7厘米，下直径6厘米，高4.5厘米纸杯、烤盘、小勺。

准备工作

1　低筋面粉和无铝泡打粉混合过筛。
2　鸡蛋提前从冰箱取出回温。
3　黄油室温下软化至20℃。
4　香蕉室温下放一两天至熟透。
5　蛋糕烤制前，提前10分钟预热烤箱。

做法

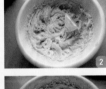

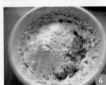

1　将熟透的香蕉压成泥。
2　黄油软化后加入细砂糖打发，再加入三角奶酪打发。
3　分次加入打散的鸡蛋液。（鸡蛋要用室温的鸡蛋，不然会容易引起油水分离。如果发现油水分离，可以加一勺面粉搅拌）
4　加入过筛好的面粉、泡打粉和香蕉泥翻拌均匀。
5　将面糊装入小纸杯中约八成满。烤箱180℃预热，将小纸杯放在烤盘上，并放入烤箱中层，烤25~30分钟。

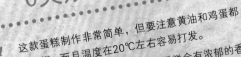

0失败"蜜"籍

1　这款蛋糕制作非常简单，但要注意黄油和鸡蛋都是室温，而且温度在20℃左右容易打发。

2　香蕉一定要熟透，这样烤好的蛋糕会有浓郁的香蕉香味。

3　制作好的蛋糕，冷却放凉，放在保鲜袋中，次日再食用，味道更佳。

口感细腻的 戚风蛋糕 **6** 款

戚风蛋糕的注意事项

戚风蛋糕是烘焙新手在烘焙过程中的拦路虎。

如果说，烘焙饼干基本上人人都能有成功把握的话，那么只要制作戚风蛋糕都会有或多或少的失败。所以戚风蛋糕又被人称为"气疯蛋糕"，可见这个蛋糕的威力有多大了。

要想做出成功的戚风蛋糕，首先要打发好蛋白，然后要混拌好面糊，不要消泡，烘烤中注意一定要烤熟，直到最后倒扣、放凉才算完成蛋糕的整个制作过程。

虽然说制作戚风蛋糕有诸多的注意事项，但只要跟着本书，一步步按部就班，你一样也能做出成功的戚风蛋糕来！

手工分蛋

制作戚风蛋糕，最关键的就是分离蛋黄和蛋白的步骤了。

下面讲解一下如何手工分离蛋黄和蛋白。

1 准备一个鸡蛋和一个碗。（碗一定要无油无水，这样才不会影响蛋的打发）

2 将鸡蛋清洗干净并擦干后，用力敲打一下。

3 用双手将鸡蛋分开。

4 将蛋白滴落在小碗中。

5 蛋黄留在蛋壳内。

6 因为蛋白和蛋黄会彼此有粘连，所以要有些耐心。

7　利用另一个半边
的蛋壳，将蛋黄
剔出来，蛋白滴
在小碗中。

8　分离蛋黄和蛋白
工作结束。

💧分蛋器分蛋

除了手工分蛋外，还有一个工具可以让蛋黄和蛋白轻松分开，那就是分蛋器。

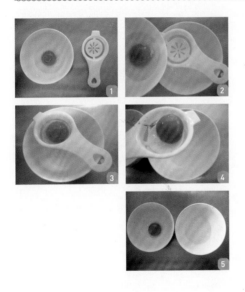

1　准备一个小碗，将鸡蛋打入小碗中，
再准备一个分蛋器。
2　准备另一个小碗，将分蛋器放在小碗
上，将鸡蛋倒入分蛋器中。
3　这时蛋黄会留在分蛋器上，而蛋白则
滴落在小碗中。
4　提起分蛋器，让蛋白全部滴落到碗中。
5　将蛋黄放入另一个碗中，这时分离蛋
黄蛋白工作结束。

戚风蛋糕的制作步骤

原料：鸡蛋5个，细砂糖70克，低筋面粉85克，植物油50克，水50毫升，盐1克

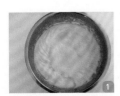

1　将蛋白放入无油无水的容器中，分
次加入50克细砂糖，打至蛋白倒扣
不掉下来。
2　蛋黄加入水、植物油和20克细砂糖，
以及盐混合均匀。

3　在蛋黄中加入过筛后的低筋面粉混合
　　均匀。

4　取三分之一打好的蛋白加入面粉液中，
　　翻拌均匀。

5　将拌好的面糊倒入三分之二蛋白中。

6　再次翻拌均匀后倒入八寸圆形模具中。
　　烤箱150℃预热好后，将蛋糕模具放在
　　烤网上，并放入烤箱下层先烤30分钟，
　　然后将烤箱温度转170℃再烤30分钟。

戚风蛋糕的面糊状态

一般混合蛋白前，戚风蛋糕的面糊状态应如图所示，是
往下滴落的线状，烤出来的蛋糕会比较松软。但注意不
能太稀，太稀的话，戚风蛋糕烤好后会容易塌的哦。

戚风蛋糕的蛋白状态

1　蛋白无法立起，打蛋器头上蛋白下垂，
　　适合做中空戚风蛋糕，容易涨高。

2　蛋白呈山形挺立，打蛋器头中蛋白较直，
　　适合做中空戚风。圆形戚风打到这些状
　　态烤时容易开裂。

3　打蛋器头蛋白堆积较多，适合做圆形戚
　　风蛋糕，一般情况下不容易开裂。

戚风蛋糕的膨胀规律

🍥中空模具涨发

1　模具中装入蛋糕糊，以七八分满为宜。
　　（因为烤时蛋糕会膨胀，所以要预留
　　空间）

2　将模具放入预热好的烤箱中。

3　蛋糕在烤箱中开始膨胀。

4　膨胀到最高点，会有少许回落。

5　这时取出蛋糕。（会发现和最高点时比
　　有回落）

6　倒扣蛋糕模至放凉。

7　放凉后的蛋糕。

🍥圆形模具涨发

戚风蛋糕面糊刚放入模具约八成满，后来慢慢开始涨发，最后涨至最高点，大约成熟后会稍
有些回落。

⚬戚风蛋糕为什么要放凉脱模?

因为蛋糕烤好后,内部温度还比较高,如果此时脱模,会导致蛋糕变塌,所以最好的办法就是将模具放凉后再取出蛋糕。

⚬戚风蛋糕的脱模

1　将烤好的蛋糕倒扣放凉后, 放在案板上。 用脱模刀或抹刀在模具四周划一圈。

2　这样模具的外框就能轻松取下来了。

3　再用脱模刀或抹刀, 在中空模具中间划一圈后, 在模具的底部上用脱模刀或抹刀划一圈。

4　这样蛋糕就能轻松脱模了。 如果是圆形模具可以省略在模具中间划一圈的步骤。

酸奶蛋糕

◎ 难易程度:中等 ★★★☆☆

◎ "时"全食美：1小时 🕐

1

酸奶用来做蛋糕，会使蛋糕组织非常细腻，吃起来也会很过瘾哦。

原料

| 蛋黄54克 | 细砂糖40克 | 酸奶50克 |
| 蛋白106克 | 植物油30克 | 低筋面粉70克 |

分量

六寸中空蛋糕1个

烤制

180℃，下层，上下火，30分钟左右。

烘焙工具

打蛋盆、刮刀、面粉筛、秤、电动打蛋器、手动打蛋器、中空蛋糕模、烤网。

准备工作

1　低筋面粉过筛。

2　鸡蛋（3个）提前从冰箱取出，蛋黄和蛋白分开备用。

3　蛋糕烤制前，提前10分钟预热烤箱。

做法

1　蛋黄中加入酸奶、植物油和20克细砂糖。

2　搅拌均匀。

3　将过筛后的低筋面粉倒入蛋黄糊中。

4　搅拌均匀。

5　蛋白中分次加入20克细砂糖。

6　打至硬性发泡。

7　将少许蛋白霜放入蛋黄糊中，翻拌均匀。

8　将翻拌均匀的蛋黄糊再倒入打发好的蛋白中。

9　再次翻拌均匀。

10　将面糊倒入中空模具中。

11　烤箱180℃预热，将蛋糕模放在烤网上，并一起放入烤箱下层烤30分钟左右。取出倒扣放凉，切片食用。

0失败"蜜"箱

1　酸奶选择超市的小盒装酸奶即可。

2　中空模具制作戚风蛋糕会更松软。

波士顿派

◉ 难易程度:中等　★ ★ ★ ☆ ☆

◉ "时"全食美：1小时 🕐

外面是一层薄薄的糖粉，里面又有酸甜的蔓越莓，是一款让人陶醉的点心。

原料

蛋糕体
蛋白108克
蛋黄52克
细砂糖50克
植物油30克
水30毫升
低筋面粉60克
盐1.5克

馅料
动物鲜奶油200克
细砂糖10克
蔓越莓30克
表面装饰
糖粉少许

分量
八寸小蛋糕1个
烤制
175℃，中层，上下火，25分钟左右。
烘焙工具
打蛋盆、刮刀、面粉筛、秤、电动打蛋器、手动打蛋器、比萨盘、烤网、转台、抹刀。

准备工作
1　低筋面粉过筛。
2　鸡蛋（3个）提前从冰箱取出，蛋黄和蛋白分开备用。
3　蔓越莓切碎备用。
4　蛋糕烤制前，提前10分钟预热烤箱。

做法

1　蛋白分次加30克细砂糖打至硬性发泡。

2　蛋黄加20克细砂糖、植物油和水，以及盐混合均匀。

3　蛋黄中倒入过筛后的低筋面粉混合均匀。

4　面糊中分次加入打发后的蛋白。

5　翻拌均匀。

6　倒入八寸比萨盘中。

7　烤箱175℃预热，将比萨盘放在烤网上并放烤箱中层烤25分钟左右。

8　烤好后取出。

9　将蛋糕倒扣放凉。

10　将蛋糕脱模。

11　将蛋糕片成三片。

12　取最小的一片放在转台上备用。

13　制作馅料，将动物鲜奶油倒入容器中，底部隔冰水。

14　将动物鲜奶油加入细砂糖，打至有纹路。

15　倒入切碎的蔓越莓。

16　混合均匀。

17　在准备好的第一层蛋糕坯上，抹出中间高旁边低的奶油形状。

18　压一片蛋糕片再同样抹好奶油。

19　最后将剩下的一片蛋糕坯放上最上面。放冰箱冷藏1小时。

20　取出后筛糖粉即可。

0失败"蜜"籍

1　为什么打发动物鲜奶油，要求温度较低，并全程维持动物鲜奶油的温度呢？因为动物鲜奶油遇高温会融化，只有在低温下，才能够打发成功，所以打发前一定要将动物鲜奶油放冰箱冷藏12小时以上。如果害怕温度不够，可以将打蛋盆先放冰箱冷冻一会儿至凉后，再擦干净，倒入动物鲜奶油打发。同时打蛋盆底部放冰水，这样的温度会比较适合打发动物鲜奶油。

2　蛋糕冷藏后再撒糖粉滋味更好。

3

黑芝麻戚风蛋糕

- 难易程度：中等 ★★★☆☆
- "时"全食美：1小时 ⏱

松软的戚风蛋糕，加上点点的黑芝麻，好吃又补钙。

原料

蛋黄30克	分量
蛋白85克	六寸蛋糕1个
细砂糖40克	烤制
植物油20克	180℃，下层，上下火，30分
热水28毫升	钟左右。
黑芝麻5克	烘焙工具
低筋面粉40克	

打蛋盆、刮刀、面粉筛、秤、电动打蛋器、手动打蛋器、蛋糕模、烤网。

准备工作

1 低筋面粉过筛。

2 鸡蛋（2个）提前从冰箱取出，蛋黄和蛋白分开备用。

3 黑芝麻提前烤熟。

4 蛋糕烤制前，提前10分钟预热烤箱。

1　蛋黄加10克细砂糖搅拌均匀。

2　植物油和热水混合后，慢慢地倒入蛋黄中，要小心一点别烫熟蛋黄。

3　搅拌均匀，颜色会稍发白。

4　倒入过筛后的低筋面粉搅拌均匀备用。

5　蛋白分三次加入30克细砂糖。

6　打至硬性发泡，如图，打蛋器头蛋白呈倒三角。

7　取一勺蛋白倒入蛋黄面糊中，翻拌均匀。

8　再重新倒回图6中。

9　翻拌均匀，倒入熟的黑芝麻。

10　再次翻拌均匀。

11　倒入六寸蛋糕模具中。

12　烤箱180℃预热，下层，将蛋糕烤30分钟左右。取出后，将模具倒扣放凉后再食用。

0失败"蜜"籍

黑芝麻提前烤熟制作出来的蛋糕更香。

4

南瓜戚风

◎ 难易程度：中等 ★★★☆☆
◎ "时"全食美：1个半小时 🕐🕐

秋天的南瓜最好吃，口感很甜。加入南瓜的蛋糕会多了一丝甜蜜。

原料

鸡蛋5个
细砂糖80克
南瓜100克
低筋面粉85克
植物油50克
盐1克

分量

八寸蛋糕1个

烤制

150℃预热，第三层，上下火，共计55分钟左右。

烘焙工具

打蛋盆、刮刀、面粉筛、秤、电动打蛋器、手动打蛋器、蛋糕模、烤网。

准备工作

1　低筋面粉过筛。

2　鸡蛋提前从冰箱取出，蛋黄和蛋白分开备用。

3　南瓜去皮后切块蒸熟，过筛备用。

4　蛋糕烤制前，提前10分钟预热烤箱。

1　蛋白分次加入60克细砂糖，打至硬性发泡备用。

2　蛋黄加入盐和20克细砂糖搅拌均匀。

3　用打蛋器打至颜色发白。

4　南瓜泥过筛后放入蛋黄中。

5　南瓜泥和蛋黄搅拌均匀，再加入植物油。

6　加入过筛后的低筋面粉。

7　翻拌均匀。

8　再分两次加入蛋白，自下而上翻拌均匀。

9　倒入八寸活动蛋糕模具中。

10　烤箱150℃预热好后，将蛋糕模放在烤网上并放入烤箱第三层，烤30分钟转170℃ 25分钟，取出倒扣放凉。

0失败"蜜"籍

1　蒸南瓜可以用微波炉蒸，也可以用蒸锅蒸，但二者水分相差较大。本书中采用的是蒸锅蒸熟的南瓜。

2　考虑到南瓜品种不同，所以水量需自己掌握。

5

焦糖浆戚风

◎ 难易程度：中等 ★ ★ ★ ☆ ☆

◎ "时"全食美：1个半小时

焦糖浆是用淡奶油制作而成，当焦糖浆淋在戚风蛋糕上后，会有湿润的口感。你也来体验一把吧。

原料

鸡蛋5个
细砂糖40克
焦糖浆50克
植物油50克
水20毫升
低筋面粉100克
盐1克

分量

硅胶咕咕霍夫模具蛋糕1个

烤制

145℃，下层，上下火，50分钟左右。

烘焙工具

打蛋盆、刮刀、面粉筛、秤、电动打蛋器、手动打蛋器、硅胶中空蛋糕模、烤网。

准备工作

1 低筋面粉过筛。
2 鸡蛋提前从冰箱取出，蛋黄和蛋白分开备用。
3 蛋糕烤制前，提前10分钟预热烤箱。

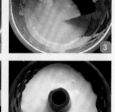

1 蛋白放入一个无油无水的容器中，分次加入细砂糖打至呈倒三角状。

2 蛋黄中加焦糖浆、植物油、低筋面粉、水以及盐。

3 搅拌均匀。

4 再加入蛋白霜分次翻拌均匀。

5 倒入硅胶中空咕咕霍夫模具中。

6 烤箱145℃预热，将蛋糕模放在烤网上并放入烤箱第三层烤50分钟左右。倒扣放凉后取出。

7 食用时淋上焦糖浆点缀。

0失败"蜜"籍

1 戚风蛋糕是蛋糕中非常松软的一种，所以蛋白一定要打好，如果打不好，就会成蛋饼了。

2 在外国，最新鲜的鸡蛋被评为A级蛋。鸡蛋放的时间越长品质就越受影响，做出来的蛋糕也会有所不同。超市里的鸡蛋相对新鲜，所以建议用超市里的鸡蛋。

3 鸡蛋最好冷藏后，再取出来回温打发。这样蛋白打发的效果更好。

4 如果是冬天，室温本来就很低，所以鸡蛋不放冰箱也是可以的。

6 杏仁可可戚风

◎ 难易程度：中等 ★★★☆☆

◎ "时"全食美：1小时 🕐

这个蛋糕创意来自于马背模具。用模具做出来后，只要稍稍地打扮一下，必会吸引不少目光。

蛋糕体

水30毫升

植物油30克

低筋面粉40克

细砂糖40克

鸡蛋2个

可可粉5克

分量

马背蛋糕1个

烤制

150℃，中下层，上下火，30分钟左右。

烘焙工具

打蛋盆、刮刀、面粉筛、秤、电动打蛋器、手动打蛋器、马背蛋糕模具、烤网、油纸。

表面装饰

打发好的动物鲜奶油30克

杏仁4粒

准备工作

1 低筋面粉和可可粉分别过筛。

2 鸡蛋提前从冰箱取出，蛋黄和蛋白分开备用。

3 蛋糕烤制前，提前10分钟预热烤箱。

原粉

做法

1　水先要煮开。

2　水中倒入过筛后的可可粉，关火，然后混合成可可酱。

3　蛋白放入无油无水的容器，分三次加入细砂糖打至蛋白倒扣不倒。

4　蛋黄放入另一个容器中。

5　加入植物油搅拌均匀。

6　倒入放凉后的可可酱搅拌均匀。

7　加入低筋面粉混合好，面糊中不要有小颗粒。

8　将打发好的蛋白霜分两次和蛋黄可可糊自下而上翻拌好。

9　倒入马背模具中。

10　烤箱150℃预热，上下火，预热好后，将蛋糕模放在烤网上并放入烤箱中下层，烤30分钟，烤好后，倒扣至凉。

11　脱模，挤上打发好的动物鲜奶油，放上杏仁装饰即可。

0失败"蜜"籍

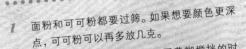

1　面粉和可可粉都要过筛。如果想要颜色更深点，可可粉可以再多放几克。

2　蛋白要打至倒扣不倒。在和蛋黄糊搅拌的时候千万不要消泡。

3　模具中不用涂油撒粉，烤好后冷却会自然脱出蛋糕的。

4　可可粉中加入0.5克的小苏打，颜色会更好。但不建议再多放，不然会有小苏打的味道。

蛋香浓郁的 海绵蛋糕 **4**款

海绵蛋糕的注意事项

制作海绵蛋糕的时候，会用到全蛋，也就是鸡蛋液。要想轻松地打发好鸡蛋液，要求蛋液的温度保持在20℃左右。

那么怎么样才能让鸡蛋轻松回到20℃左右呢？

如何将鸡蛋回温？

如果室温在20℃，将鸡蛋从冰箱取出后，放在室温下，很容易就回到20℃。

如果室温低于20℃，可以将鸡蛋放在40℃左右的温水中，就可以快速回到想要的温度。当然注意温度不要过高，否则会烫熟鸡蛋。

蛋液如何隔水回温？

1　准备蛋液和温水。

2　将蛋液的小碗放入温水中。

3　蛋液放在温水中后，盖上保鲜膜，可以防止水滴落。

4　盖上盖，这样容易快速回温。

蛋液的打发程度

鸡蛋打发，要注意全程是用高速度打发的。同时注意配方中糖的量不要减少，否则会影响鸡蛋的起发。打发至蛋液呈线状滴落，表面没有大的气泡就可以了。

如果表面的气泡还很多，加入面粉后会容易消泡变成蛋饼。

如果超过了这样的状态，蛋液在打蛋头不滴落，制作出来的蛋糕会气孔过大，略显粗糙。

面粉怎么加？

考虑到面粉倒入蛋液混合后会消泡，所以尽可能地将配方中的面粉
分两次加入。这样可以缓解面粉一次性加入给蛋液带来的压力。
如果是经验丰富的老手，也可以一次性加入。

黄油怎么加？

黄油倒入面糊中，会容易沉底，导致面糊和黄油不容易搅拌均匀，
并且容易消泡。所以先将部分面糊和黄油混合好后，再加入其他面
糊中，不易消泡。

海绵蛋糕组织

制作好的海绵蛋糕，蛋香味浓，口感细腻，气孔均匀。

1

芝麻小海绵

- 难易程度：中等 ★★★☆☆
- "时"全食美：1小时 ①

小小的蛋糕，很适合小朋友们。而且出去游玩的时候，也方便携带。

原料

鸡蛋3个
细砂糖75克

低筋面粉90克
黄油20克

牛奶30克
黑芝麻5克

分量

14个

烤制

180℃，中层，上下火，20分钟左右。

烘焙工具

打蛋盆、刮刀、面粉筛、秤、电动打蛋器、烤网、边长10厘米纸托、小硅胶模、裱花袋。

准备工作

1 低筋面粉过筛。

2 鸡蛋提前从冰箱取出，回温备用。

3 黑芝麻烤熟后备用。

4 蛋糕烤制前，提前10分钟预热烤箱。

做法

1　鸡蛋倒入无油无水的容器中，加入细砂糖。

2　隔温水开始准备打发。

3　黄油切小块倒入牛奶中。

4　隔水融化成液体，温度保持在40℃左右。

5　全蛋打发至浓稠状，提起呈带状滴落。（这个很关键。如果呈线状滴落那是没打发好；如果不滴落，就是打过了）

6　将过筛后的低筋面粉倒入打发好的蛋糊中。

7　翻拌均匀。

8　取少部分面糊倒入黄油牛奶液中，翻拌均匀。

9　再将翻拌均匀的蛋糕糊慢慢地分次倒入图7中。

10　翻拌均匀。

11　将熟芝麻倒入。

12　翻拌均匀。

13　装入裱花袋，挤入有纸托的小硅胶模中，九成满即可。

14　烤箱180℃预热，将小蛋糕放在烤网上，并放入烤箱中层烤20分钟左右。

15　烤好的蛋糕内部组织细腻，蛋香浓郁。

0失败"蜜"箱

1　这里用的是家用30升左右烤箱，可以烤约14个小蛋糕。

2　鸡蛋打发是关键，一定要打好。

2 海绵蛋糕

◎ 难易程度：中等　★★★☆☆
◎ "时"全食美：1个半小时 🕐🕐

提起戚风蛋糕受到大多数人喜爱，但海绵蛋糕的味道和戚风蛋糕不相上下。虽然海绵蛋糕的打发时间比戚风蛋糕要长一点，但制作上比戚风蛋糕更简单，而且吃起来更有嚼头。蛋香味浓，属于那种回味悠长的蛋糕。

原料

鸡蛋5个
低筋面粉100克
水30毫升
植物油30克
细砂糖100克

分量

八寸蛋糕1个

烤制

150℃预热，下层，上下火，共计60分钟左右。

烘焙工具

打蛋盆、刮刀、面粉筛、秤、电动打蛋器、烤网。

准备工作

1　低筋面粉过筛。

2　鸡蛋提前从冰箱取出回温。

3　蛋糕烤制前，提前10分钟预热烤箱。

做法

1　鸡蛋放入一个无油无水的容器中。

2　加入细砂糖。

3　放在有温水的容器中打发。（因为有温水有利于鸡蛋的打发，可以使打发速度提高）

4　打至原来的五倍左右大，表面基本上没有气泡。

5　倒入过筛好的低筋面粉。

6　翻拌均匀。

7　植物油和水混合好，放入一部分蛋糊混合均匀。

8　再倒回原来的蛋糊中混合均匀。

9　翻拌均匀，倒入模具中。

10　烤箱150℃预热好后，上下火将蛋糕模放在烤网上，并放入烤箱下层烤30分钟，30分钟后，转170℃烤20～30分钟，表面上色后且蛋糕基本回缩完毕后取出。

0失败"蜜"籍

刚制作好的蛋糕一定要倒扣放凉，才能脱模。

3

蜂蜜蛋糕

⊛ 难易程度：中等 ★★★☆☆

⊛ "时"全食美：1小时 🕐

小蛋糕特别加了蜂蜜，会有股蜂蜜的香味，自然又清甜。

鸡蛋2个	蜂蜜30克	植物油30克
细砂糖30克	低筋面粉65克	白芝麻少许

分量

6块

烤制

175℃，中层，上下火，20分钟左右。

烘焙工具

打蛋盆、刮刀、电动打蛋器、秤、面粉筛、烤网、六连烤盘。

准备工作

1　低筋面粉过筛。

2　鸡蛋提前从冰箱取出。

3　蛋糕烤制前，提前10分钟预热烤箱。

做法

1　鸡蛋打入无油无水的容器中，加细砂糖和蜂蜜。

2　用电动打蛋器打发均匀。

3　一直到能写8字并稍后才消失。

4　打发好的样子。

5　分两次倒入过筛好的面粉。

6　混拌均匀后，加入植物油再次拌均匀。

7　拌好的面糊倒入热过并涂油的蛋糕模具中。

8　烤箱预热好后，将蛋糕模具放在烤网上，并放入烤箱中层烤20分钟左右。

0失败"蜜"籍

1　小蛋糕的制作要点就是全蛋一定要打发好，表面没有明显小泡。和面粉混拌的时候，不要消泡，否则容易做成蛋饼。

2　模具提前放烤箱中，和烤箱一起预热，这样比较容易脱模。

老式鸡蛋糕

- ◎ 难易程度：中等 ★★★☆☆
- ◎ "时"全食美：1小时 🕐

原料

鸡蛋2个	低筋面粉60克
绵白糖40克	植物油6克

分量

8个

烤制

180℃，中层，上下火，15分钟左右。

烘焙工具

打蛋盆、刮刀、面粉筛、秤、电动打蛋器、烤网、裱花袋、纸托、硅胶模。

准备工作

1 低筋面粉过筛备用。

2 鸡蛋提前从冰箱取出回温。

3 蛋糕烤制前，提前10分钟预热烤箱。

老式鸡蛋糕在中国已经流行很多年了。最简单的四种原料，做出比较实在口感的蛋糕。和戚风蛋糕完全不同，虽然如此，但也得到了很多人的喜爱。

做法

1 鸡蛋打入无油无水的容器中，加入绵白糖。

2 隔温水打发至蛋糊变稠，基本没有大的气泡。写8字稍后才消失。

3 将低筋面粉倒入鸡蛋糊中。

4 翻拌均匀后，再倒入植物油。

5 再翻拌均匀。

6 装入裱花袋中，挤入装有小纸托的硅胶模中。

7 烤箱180℃预热，将硅胶模放在烤网上并放入烤箱中层烤15分钟左右。

0失败"蜜"籍

1 全蛋蛋糕用小纸杯烤，不太会出现回缩现象，如果是戚风蛋糕，会比较容易回缩。

2 鸡蛋只要打发到位，操作是非常简单的。

美味无比的 蛋糕卷 5 款

制作蛋糕卷的注意事项

❧ 烤盘先要铺油纸

在制作蛋糕卷的时候，要先在烤盘上铺上一层油纸，这样面糊倒入油纸上，烤好后就能轻松地从烤箱中取出来。

❧ 利用刮板好抹平

蛋糕面糊倒入烤盘上会高低不平，这时用刮板慢慢地从一边抹向另一边，就能轻松抹平了。

❧ 蛋糕取出要晾凉

刚烤好的蛋糕，连同油纸取出来后要稍放凉，一定要放在烤网架上晾凉。这样油纸才能很容易地撕开。

❧ 油纸上面好操作

将稍放凉的蛋糕撕掉油纸后，重新放在另一张干净的油纸上，这样才好卷起做蛋糕卷。

❧ 蛋糕两边要切除

在卷蛋糕前，要将蛋糕的两边约1厘米用刀切掉，这样卷的时候才比较美观。再在蛋糕一边用刀划两下，卷起来更方便。

✿馅料一定抹均匀

将馅料抹在蛋糕表面时，要抹均匀，这样卷起来才能宽度一致。而且不要抹太多，如果馅料太多就不太好卷，而且会容易漏出馅来。

✿大粒馅料放前面

如果是比较小的水果粒，可以均匀地放在蛋糕上，这样切的时候就会每块蛋糕卷都有小水果粒。如果是大的馅料，比如香蕉，就要放在卷起蛋糕的前面，这样提起蛋糕的时候，顺着香蕉就可以卷成一个卷儿，切面香蕉刚好可以在中间。如果将香蕉放在蛋糕中心位置，蛋糕卷好一个圈，香蕉还没卷到，这样切面就不好看了。

✿卷好之后要冷藏

卷好的蛋糕卷两边一定要用油纸固定好后，放冰箱冷藏。因为刚卷好的蛋糕卷，如果直接把油纸去掉，极容易散开。而且大多数馅料，冷藏后风味更佳。

✿切片要用蛋糕刀

将冷藏好的蛋糕卷取出，一定要用蛋糕刀切片。因为蛋糕刀是锯齿状的，切起来更整齐。每切一刀，要记得将蛋糕刀抹干净再切，这样蛋糕卷的切面会比较漂亮。

胡萝卜蛋糕卷

1

◎ 难易程度：中等 ★★★☆☆

◎ "时"全食美：1小时 ⏱

用胡萝卜榨汁后多出来的渣怎么处理呢？倒掉有些浪费，不如用来做蛋糕卷，可以增加营养，颜色还更丰富哦。

原料

蛋糕卷原料
鸡蛋3个
细砂糖70克

低筋面粉55克
牛奶35克
胡萝卜渣18克

馅料
动物鲜奶油180克
细砂糖20克

分量

约10个

烤制

180℃，中层，上下火，15分钟左右。

烘焙工具

打蛋盆、刮刀、面粉筛、秤、电动打蛋器、油纸、28厘米方烤盘、烤网、刮板、抹刀、料理机、蛋糕刀。

准备工作

1 低筋面粉过筛备用。

2 鸡蛋提前从冰箱取出回温。

3 牛奶加热后放至温热备用。

4 胡萝卜榨汁后的碎渣再切细备用。

5 动物鲜奶油加细砂糖打发后备用。

6 蛋糕烤制前，提前10分钟预热烤箱。

做法

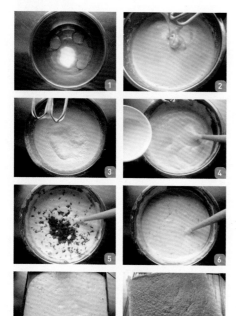

1　鸡蛋加入细砂糖。

2　将容器隔温水，用电动打蛋器打至写8字稍后才消失。

3　倒入过筛后的低筋面粉。

4　混拌均匀后，倒入温热的牛奶，翻拌均匀。

5　倒入胡萝卜渣。

6　翻拌均匀。

7　烤盘上铺上油纸，将蛋糕面糊倒入烤盘。

8　烤箱180℃预热，将烤盘放入烤箱中层烤15分钟左右。取出放在烤网上晾凉。

9　放凉后，将底部油纸撕掉，重新放在一张大的油纸上。

10　表面抹上打发好的动物鲜奶油。

11　卷起蛋糕，用油纸固定蛋糕卷。放冰箱冷藏30分钟后再切片食用。

0失败"蜜"籍

1　平时剩下的胡萝卜渣，可别扔了，这里可以用来做蛋糕卷哦。

2　所谓隔温水就是准备一个大一点的装有温水的容器，将打蛋盆放在容器里，这样鸡蛋就会维持温度，容易打发。

3　制作蛋糕的蛋糊一定要打至浓稠，否则容易消泡。

4　卷好奶油的蛋糕卷，一定要放冰箱冷藏30分钟再切会更容易。

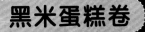

黑米蛋糕卷

2

◎ 难易程度：中等 ★★★☆☆

◎ "时"全食美：1小时 ◗

外面卖的蛋糕卷可从来没有
这样黑黑的颜色，这是因为
加了黑米粉的原因，是不是
很可爱的蛋糕卷呢！

原料

蛋糕卷原料	**卡仕达奶油原料**	玉米淀粉18克
蛋黄52克	黄油40克	**表面装饰**
蛋白114克	蛋黄33克	糖粉少许
黑米粉80克	细砂糖30克	
细砂糖75克	牛奶200克	

分量

约10个

烤制

180℃，中层，上下火，15分钟左右。

烘焙工具

打蛋盆、刮刀、面粉筛、秤、电动打蛋器、手动打蛋器、裱花袋、花嘴、抹刀、蛋糕刀、小锅、烤盘、烤网、油纸、刮板。

准备工作

1　黑米粉过筛备用。

2　鸡蛋提前从冰箱取出回温。

3　黄油提前室温下软化至20℃。

4　卡仕达奶油原料中鸡蛋从冰箱取出回温，将蛋黄和蛋白分开，蛋黄留用。

5　卡仕达奶油中的玉米淀粉过筛备用。

6　蛋糕烤制前，提前10分钟预热烤箱。

做法

1　制作卡仕达奶油，蛋黄加入细砂糖，放入容器中，打至发白。

2　牛奶用小锅加热到快开。

3　将牛奶慢慢倒入蛋黄中。

4　搅拌均匀后，倒入过筛后的玉米淀粉。

5　用筛网将混合好的液体过筛。

6　再倒回小锅中。

7　用小火煮至有纹路后关火。

8　放入黄油。

9　搅拌均匀后，放冰水上放凉，卡仕达酱就做好了。

10　下面制作蛋糕卷，蛋白分次加入细砂糖打至有弯钩。

11　分次加入蛋黄。

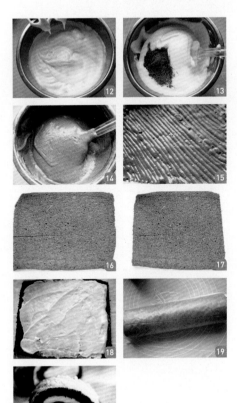

12 搅拌均匀。

13 分次加入过筛后的黑米粉。

14 翻拌均匀。

15 将面糊装入有圆口裱花嘴的裱花袋
    中，挤入铺有油纸的烤盘中。

16 烤箱180℃预热，将烤盘放在烤网上，
    并放入烤箱中层，烤15分钟，取出放
    凉，然后撕去蛋糕底部的油纸。

17 将蛋糕表面倒扣在一张大的油纸上，
    并在蛋糕两边用刀切整齐。

18 抹上制作好并放凉的卡仕达奶油。

19 利用油纸的力量卷起蛋糕，并用油纸
    固定蛋糕，放入冰箱冷藏室冷藏30
    分钟。

20 取出后在蛋糕表面撒糖粉，再切片食用。

0失败"蜜"籍

1 撒少许糖粉会让蛋糕看上去更有食欲。
2 黑米粉是黑米放入料理机中研磨而成。

3

平时很喜欢吃的芋头用来制作蛋糕，味道让人充满想象。

芋头蛋糕卷

◎ 难易程度：中等 ★★★☆☆
◎ "时"全食美：1小时 🕐

原料

原料（适合42升烤盘）

蛋糕卷原料

鸡蛋4个

低筋面粉80克

黄油30克

牛奶30克

细砂糖80克

馅料

芋头250克

糖粉30克

牛奶30克

黄油40克

原料（适合25升烤盘）

蛋糕卷原料

鸡蛋3个

低筋面粉60克

黄油22克

牛奶22克

细砂糖60克

馅料

芋头200克

糖粉24克

牛奶24克

黄油32克

分量

约10个

烤制

175℃，中层，上下火，20分钟左右。

烘焙工具

打蛋盆、刮刀、面粉筛、秤、电动打蛋器、油纸、烤盘、抹刀、蛋糕刀、烤网、刮板、蒸锅。

准备工作

1　低筋面粉过筛备用。

2　鸡蛋提前从冰箱取出回温。

3　蛋糕卷原料中黄油提前室温下融化，抹馅中黄油提前室温下软化。

4　牛奶用微波炉转至微温。

5　蛋糕烤制前，提前10分钟预热烤箱。

0失败"蜜"籍

1　蛋糕表面要烤至深黄色再取出。温度要控制好，时间也不要太长，长了不容易卷起。

2　喜欢吃芋头的朋友，这可是超级的享受哦。

做法

1　芋头清洗干净，放入蒸锅中蒸20分钟左右。

2　将芋头放凉后去皮，取相应分量。

3　将芋头按压成泥。

4　加入牛奶。

5　搅拌均匀后放入糖粉。

6　加入软化的黄油。

7　用打蛋器搅拌成泥状，放冰箱冷藏室冷藏备用。

8　鸡蛋放入有温水的小锅中。

9　再加入细砂糖。

10　打发至能写8字稍后才消失。

11　蛋糊分次加入过筛后的低筋面粉。

12　翻拌均匀。

13　加入微温的牛奶，翻拌均匀。

14　加入化成液态的黄油。

15　翻拌均匀。

16　倒入铺有油纸的烤盘上，并用刮刀抹平蛋糕面糊。

17　烤箱175℃预热，将烤盘放入烤箱中层，烤15分钟左右。

18　取出来放在烤网上放凉后，脱去蛋糕下面油纸，重新放在一张大的油纸上，并将蛋糕底部朝下。在蛋糕表面抹上芋头馅。

19　利用油纸的力量卷起蛋糕，并固定好蛋糕卷。

20　放冰箱冷藏30分钟左右，取出切片食用。

毛巾蛋糕卷

◎ 难易程度：中等 ★★★☆☆
◎ "时"全食美：1小时 🕐

这是一款外形很像毛巾的蛋糕卷。你也可以用可可粉或抹茶粉来代替色香油。

原料

鸡蛋4个
细砂糖80克
植物油35克

分量

约10个

烤制

180℃，中层，上下火，15~18
分钟。

烘焙工具

打蛋盆、刮刀、面粉筛、秤、电动
打蛋器、手动打蛋器、刮板、油
纸、烤网、25升烤盘、裱花袋。

水35毫升
低筋面粉75克
红色色香油3滴

准备工作

1　低筋面粉过筛备用。

2　鸡蛋提前从冰箱取出回温，并
　　将蛋黄和蛋白分开备用。

3　蛋糕烤制前，提前10分钟预热
　　烤箱。

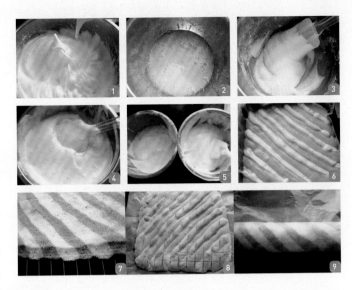

1　将蛋黄和蛋白分别放在两个无油无水的容器中，蛋白分次加入60克细砂糖，打至偏硬性发泡。（开始打的时候要用低速度，出现大的气泡时，开始加细砂糖，就可以用中速度了。最后用高速度，因为这次做的是蛋糕卷，所以蛋白不用打至硬性发泡，有些小弯角就可以了。当达到要求后，再用低速度将蛋白打1分钟，可以让蛋白更细腻。为了激发细砂糖的甜味，可以加少许盐，也可以不加。新手朋友还可以加一些塔塔粉，用量是面粉量的0.5%）

2　放蛋黄的容器中加入20克细砂糖、植物油、水搅拌均匀。

3　加入过筛后的面粉，翻拌均匀。自下而上混合即可，不要过度搅拌。

4　用小部分蛋白霜和蛋黄面糊混合后，再加入剩下的蛋白霜混合均匀。

5　然后将面糊平均分成两部分，一份加入红色色香油变成粉色面糊，一份不加色香油为淡黄色面糊。

6　分别将面糊装入两个裱花袋中，并将裱花袋剪个小口子，在烤盘上挤成图6图案。烤箱180℃预热，放烤盘中层烤15～18分钟。

7　烤好后，将蛋糕底部油纸撕去，切去边角。

8　重新换一张新的油纸，将蛋糕表面朝上，最下方用小刀划几刀。

9　利用油纸的力量将蛋糕卷起，并固定好形状后，冷藏一会儿再切片食用。

0失败"蜜"籍

1　这个配方中，油和水可以再多加5克，水也可以用牛奶代替，味道更好。

2　蛋白不用打至硬性发泡，偏硬性即可。

3　可以在卷的时候抹些奶油，味道更好。

5

草莓蛋糕卷

◉ 难易程度：中等 ★★★☆☆
◉ "时"全食美：1小时 ◐

蛋糕的表面装饰可爱的花纹，是最近很流行的
蛋糕卷装饰。

原料

蛋糕卷原料

鸡蛋4个
细砂糖75克
植物油40克
水40毫升
低筋面粉78克
盐0.5克

心形面糊

黄油20克
糖粉18克

低筋面粉18克
蛋清20克
红色色香油2滴

馅料

动物鲜奶油少许
草莓粒少许
细砂糖少许（动物
鲜奶油和细砂糖的
比例是10：1）

分量

约10个

烤制

180℃，中层，上下火，15分钟左右。

烘焙工具

打蛋盆、刮刀、面粉筛、秤、电动打蛋器、手
动打蛋器、烤网、刮板、烤盘、油纸、抹刀、
蛋糕刀、瓦片模、电吹风。

准备工作

1 低筋面粉过筛备用。

2 鸡蛋提前从冰箱取出回温，并将蛋黄和
   蛋白分开备用。

3 动物鲜奶油加入细砂糖打发，并加入少
   许沥干水分的草莓粒搅拌均匀，放冰箱
   冷藏备用。

4 黄油室温下软化至20℃。

5 蛋糕烤制前，提前10分钟预热烤箱。

做法

1 首先制作心形面糊，在黄油中加入糖粉，先用手动搅拌器搅拌均匀。

2 再用电动打蛋器打发。

3 将黄油分次加入蛋清打发后，倒入过筛后的低筋面粉。

4 搅拌均匀。

5 加红色色香油搅拌成粉色面糊。

6 烤盘上先放油纸，铺平。

7 在烤盘的油纸上用瓦片模将面糊做出心形图案。

8 取出瓦片模，充分放凉。最好放冰箱冷藏。

9 蛋糕面糊操作过程见63页戚风蛋糕制作步骤。

10 将蛋糕面糊倒在有心形图案的烤盘上。

11 并用刮板抹平蛋糕面糊。

12 烤箱180℃预热，将烤盘放入烤箱中层，烤15分钟左右取出倒扣在烤网上并撕掉油纸放凉。

13 取一张新的油纸，然后将蛋糕翻面，底部朝下，放在油纸上，蛋糕上面抹上打发好并混合均匀的草莓粒动物鲜奶油。

14 利用油纸的力量，再将蛋糕卷好，放冰箱冷藏30分钟后，再去掉油纸并切片食用。

0失败"蜜"籍

1 原料中的水可用牛奶代替。

2 蛋糕的蛋白打至有弯角即可。

3 蛋糕烤的时间要稍短点，温度可高点。

令人着迷的 芝士蛋糕 7 款

芝士蛋糕的注意事项

免烤芝士准备什么样的饼底？

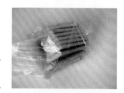

一般要准备甜味的、没有夹心的饼干作底。颜色可分为黑色或淡黄色。

料理机来帮忙

准备好的饼干可以用擀面棍擀压而成，但一般用料理机可以压得既快又好。

饼底混合好后要冷藏

黄油和饼干屑混合好后，要放冰箱冷藏一会儿，至凝固后再进行下一步操作。

鱼胶片要泡软

鱼胶片（吉利丁片）要用自身五倍以上的水来浸泡，泡软后才能使用。

⚬香蕉熟透会更香

香蕉应选择熟透的、表面有黑色斑点的，因为这样的香蕉烤后会散发出浓郁的香味。香蕉也要提前搅碎再放入蛋糕中。

⚬模具放纸容易取

需要和蛋糕一起进行烘烤的模具，可在里面放入油纸后再将蛋糕面糊倒入，烤好后就非常容易取出了。

⚬奶酪过筛更细腻

奶油奶酪加入液体后，如果过筛一下，烤出来的组织会更细腻，口感更好。

1

香蕉奶酪蛋糕

◎ 难易程度：中等 ★★★☆☆
◎ "时" 全食美：1小时 ⏱

这款蛋糕刚出炉的时候，会略显干燥，只有经过冰箱冷藏后，才会显出蛋糕的特色。
这是我目前吃过的一种冷藏风味蛋糕，值得一试。

原料

奶油奶酪80克	鸡蛋2个	无铝泡打粉3克
黄油80克	香蕉100克	
细砂糖100克	低筋面粉120克	

分量

250克小蛋糕1个

烤制

180℃，下层，上下火，40分钟左右。

烘焙工具

打蛋盆、刮刀、面粉筛、秤、电动打蛋
器、烤网、小吐司盒、一次性手套、油纸。

准备工作

1 低筋面粉和无铝泡打粉过筛备用。

2 鸡蛋提前从冰箱取出回温，将蛋黄和
   蛋白分开备用。

3 黄油提前室温下软化至20℃。

4 蛋糕烤制前，提前10分钟预热烤箱。

做法

1 戴上一次性手套,将熟了的香蕉去皮后用手压碎。

2 小吐司盒用纸垫好。

3 黄油加奶油奶酪、50克细砂糖, 用打蛋器搅拌均匀。

4 分两次加入蛋黄搅拌均匀。

5 加入香蕉泥搅拌均匀。

6 蛋白放入无油无水的容器中, 加入50克细砂糖,用电动打蛋器打至硬性发泡。

7 将蛋白自下而上和黄油糊混合。

8 分两次加入过筛后的面粉。

9 翻拌均匀。

10 倒入垫好油纸的模具中, 烤箱180℃预热,将模具放在烤网上,并放入烤箱下层,上下火烤40分钟左右。

0失败"蜜"籍

1 奶油奶酪夏天时可以室温下软化,冬天要隔热水软化。

2 筛好的面粉比较细腻,所以做蛋糕才不会有小颗粒。

3 香蕉越熟,做出来的蛋糕风味越佳。

4 搅拌的时候,注意别把蛋白打出来的泡给消掉了,否则蛋糕就不够松软。

5 这个蛋糕冷却后,和油纸一起放保鲜袋中冷藏24小时才可以食用。蛋糕刚烤出来表面会比较干燥,而经过一天的时间后,蛋糕会更润,香蕉和奶酪的味道才会更浓郁。

2

到了夏天会非常喜欢吃清凉的食物，所以可以试试草莓芝士蛋糕，这款量不是很大，家里人吃起来也不会有负担。

草莓芝士蛋糕

◎ 难易程度：中等 ★ ★ ★ ☆ ☆

◎ "时"全食美：4小时 🌙 🌙 🌙 🌙

原料

蛋糕体
饼干50克
黄油25克
奶油奶酪35克
蛋黄10克
细砂糖10克
动物鲜奶油40克

草莓果酱140克（芝士糊中用70克，淋面用70克）
表面装饰
草莓少许

凝固用
奶油奶酪糊中吉利丁粉2克，水10毫升
草莓淋面中吉利丁粉3克，水15毫升

分量

六寸小蛋糕1个

烘焙工具

打蛋盆、刮刀、秤、电动打蛋器、手动打蛋器、保鲜膜、派盘、锡纸、料理机。

准备工作

1 低筋面粉过筛备用。
2 鸡蛋提前从冰箱取出回温，将蛋黄和蛋白分开，取蛋黄备用。
3 黄油提前室温下融化。
4 动物鲜奶油加入细砂糖打发。

做法

1 饼干放入料理机中。
2 压成粉末。
3 加入融化的黄油搅拌均匀。
4 将搅拌好的饼底放入小派盘中，派盘上放一张保鲜膜压实，派盘边缘也要注意压实。将小派盘（可在底部包锡纸防漏）放冰箱冷藏1小时至变硬。

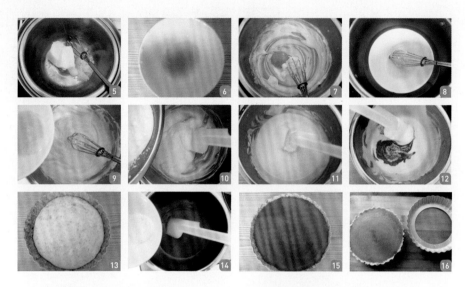

5　奶油奶酪加入6克细砂糖放入一个无油无水的容器中。

6　2克吉利丁粉加入10毫升凉开水浸泡一会儿至膨胀。

7　奶油奶酪隔温水软化后，加入蛋黄10克。

8　同时另取小锅隔水加热至吉利丁粉溶化。

9　奶油奶酪再加入溶化后的吉利丁粉搅拌均匀。

10　动物鲜奶油和4克细砂糖，稍打发，加入图9中。

11　翻拌均匀。

12　加入70克草莓果酱翻拌均匀。

13　倒入放冰箱冷藏过的派盘模具中，再放回冰箱冷藏1小时。

14　另外70克草莓酱加入草莓淋面配方中隔水溶化的吉利丁粉（吉利丁粉操作同上），搅拌均匀。

15　倒入冷藏过的六寸派盘中，再放冰箱冷藏1小时。

16　取出来脱模切片，用少许草莓装饰即可。

0失败"蜜"籍

1　草莓果酱是我用鲜草莓直接打的汁，表层的草莓酱过滤一下，过滤的用来做表层，没过滤的用来做底层。所以表层没有草莓颗粒，而底层有。

2　如果着急也可以将蛋糕的冷藏改为冷冻，时间会缩短很多。

3　芝士蛋糕脱模，一般用热毛巾绕模具一圈后，可轻松脱模。

杯形芝士蛋糕

◎ 难易程度：中等 ★★★☆☆
◎ "时"全食美：4小时 🕐🕐🕐🕐

这款小杯芝士蛋糕，吃起来的时候没有压力，但足够解馋。

原料

饼干50克
黄油25克
奶油奶酪55克
蛋黄12克

分量

3个

烘焙工具

打蛋盆、刮刀、秤、电动打蛋器、
手动打蛋器、8厘米直径3厘米高
烤碗、保鲜膜、料理机。

细砂糖15克
动物鲜奶油60克
吉利丁粉3克
水15毫升

准备工作

1 鸡蛋提前从冰箱取出回温，将蛋
   黄和蛋白分开，取蛋黄12克备用。

2 黄油提前室温下融化。

3 动物鲜奶油加入6克细砂糖打发
   备用。

做法

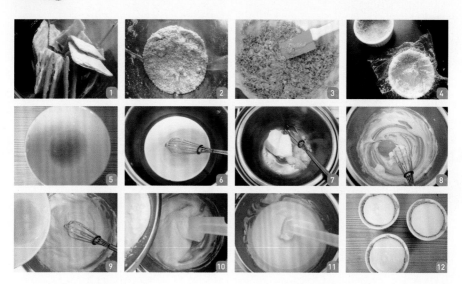

1　饼干放入料理机中。

2　压成粉末。

3　加入融化的黄油搅拌均匀。

4　放入小杯容器中并压实后，放冰箱冷藏1小时。

5　吉利丁粉加入15毫升凉开水浸泡至膨胀。

6　将放有吉利丁粉的小碗隔温水加热至吉利丁粉溶化。

7　奶油奶酪加入9克细砂糖。

8　隔温水软化后，加入蛋黄。

9　加入溶化后的吉利丁粉搅拌均匀。

10　加入稍打发的动物鲜奶油。

11　搅拌均匀。

12　倒入放冰箱冷藏过的小杯中，再冷藏2小时。

0失败"蜜"籍

1　黄油在这个配方里是融化，不是软化。

2　有些饼干特别干，那黄油的量就要增加到30克。

3　搅拌好后的奶油奶酪糊均匀细腻，挤入时为了没有大的气泡，可以用裱花袋慢慢挤入，或者倒入的时候，尽可能地贴近模具。

4　这是一款冷藏性的甜点，适合夏季食用。

5　可以加少许水果装饰表面。

杯形提拉米苏

◎ 难易程度：中等 ★ ★ ★ ☆ ☆
◎ "时"全食美：3小时 ◐◑◒

提起提拉米苏，不禁会让人想起"带我走"。提拉米苏有一个很感人的故事，一个意大利士兵即将去战场，他的妻子把饼干、面包都放进了一个甜点里，这个甜点的名字就叫提拉米苏。当你制作提拉米苏的时候，一定要记得给心爱的他留一份。

原料

提拉米苏原料	冷开水50毫升
蛋黄3个	**手指饼**
细砂糖70克	鸡蛋2个
吉利丁片10克	细砂糖60克
马斯卡膨200克	低筋面粉80克
朗姆酒10克	**表面装饰**
动物鲜奶油200克	可可粉少许
咖啡酒50克	

分量

5个

烤制

170℃，中层，上下火，20分钟左右。

烘焙工具

打蛋盆、刮刀、面粉筛、秤、电动打蛋器、手动打蛋器、烤盘、烤碗、圆口花嘴、裱花袋、硅胶垫。

准备工作

1 低筋面粉过筛备用。
2 提拉米苏原料中鸡蛋提前从冰箱取出回温，将蛋黄和蛋白分开，留蛋黄备用。
3 手指饼干原料中鸡蛋提前从冰箱取出回温，将蛋黄和蛋白分开备用。
4 吉利丁片用冷开水泡软。
5 手指饼烤制前，提前10分钟预热烤箱。

做法

 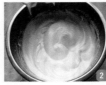 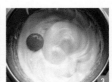 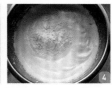

手指饼做法

1 蛋白放入一个无油无水的容器中。
2 分三次加入60克细砂糖打至硬性发泡，打蛋

盆倒扣蛋白不倒。

3 将蛋黄分次倒入蛋白中搅拌均匀后再下加一个。
4 倒入过筛后的低筋面粉，用刮刀自下而上混拌。

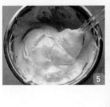

5　混拌均匀。

6　将蛋糕糊放入有圆口花嘴的裱花袋中，在放好硅胶垫的烤盘上，挤成手指形。

7　烤箱170℃预热，将烤盘放入烤箱中层烤20分钟。

提拉米苏做法

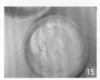

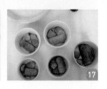

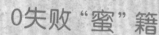

8　吉利丁片用冷开水浸泡5分钟。

9　蛋黄加入70克细砂糖隔温水打发，搅拌至80℃。

10　加入冷开水泡软的吉利丁片。

11　搅拌均匀。

12　马斯卡膨倒入容器中。

13　加入朗姆酒搅拌均匀。

14　再加入蛋黄搅拌均匀即成蛋黄芝士糊。

15　动物鲜奶油打至有纹路。

16　动物鲜奶油加入蛋黄芝士糊搅拌均匀即成奶油芝士糊。

17　杯状容器加入少许浸泡过咖啡酒的手指饼。

18　再倒入少许奶油芝士糊。

19　放一层沾过咖啡酒的手指饼，最后倒入少许奶油芝士糊，并用刮板抹平表面。放冰箱冷藏1小时后，撒可可粉食用。

5

不用烤箱也能给心爱的他做一份甜点，比如免烤布丁、提拉米苏，再比如冻芝士。其实，做甜点比你想象的简单。

千叶纹冻芝士

◉ 难易程度：中等 ★★★☆☆
◉ "时"全食美：2个半小时 🕐🕐🕐

1　饼干搅拌成碎末放入容器中。
2　黄油隔温水融化成液体。
3　将黄油加入饼干碎末中搅拌均匀。
4　将饼干倒入模具中借助刮板按平，放冰箱冷藏备用。
5　奶油奶酪隔温水软化。
6　吉利丁粉加入细砂糖混合均匀。

原料

底层
饼干80克
黄油40克
表层
奶油奶酪250克

牛奶100克
吉利丁粉10克
黑巧克力币30克
细砂糖50克

分量
六寸方形蛋糕1个
烘焙工具

打蛋盆、刮刀、面粉筛、秤、手动打蛋器、刮板、蛋糕

模、牙签、料理机。
准备工作

1　饼干用料理机搅碎备用。

2　黄油提前室温下隔热水融化。

7   将吉利丁粉倒入牛奶中煮开。

8   再将煮开的牛奶倒入奶油奶酪中。

9   搅拌均匀。

10 稍凉后，倒入六寸方形模具中，留少许奶油奶酪液不倒。

11 将黑巧克力币倒入留下的奶油奶酪液中。

12 隔温水搅拌成黑色的奶油奶酪液。

13 在模具上面轻轻地画横线，再用牙签勾出千叶纹形状。放冰箱冷藏至凝固即可。

0失败"蜜"籍

1   黄油融化后要尽快和饼干混合，而且要很快压平。特别是室温较低的时候更要如此，因为黄油冷却的速度相当快。

2   模具最好选用脱底模具或者是慕斯圈。这样方便脱模。

3   如果家里没有料理机，可以用擀面棍将饼干压碎。

4   奶油奶酪如果一大块吃不完，可以放冰箱冷冻，但一般不建议冷冻。

5   如果冷冻的奶酪搅拌时出现小颗粒，用筛子过滤一下即可。

6   如果用吉利丁片的话分量是一样的。吉利丁片需泡冷水，变软再操作。

7   在吉利丁粉中加入细砂糖，在和牛奶混合的时候，就不会结团。

8   如果着急可以放冰箱冷冻1小时。

9   脱模时一般用热毛巾在模具周围裹30秒即可。

10 巧克力奶油奶酪液要在白色的奶油奶酪层快要凝固的时候倒入，这样比较容易做花纹。

6

大理石奶酪蛋糕

◎ 难易程度：中等　★★★☆☆
◎ "时"全食美：1个半小时 ◔◑

这是一款重乳酪蛋糕，适合一家人在一起食用。表面装饰的纹路让蛋糕更有特色。

原料

蛋糕体
奶油奶酪250克
细砂糖70克
鸡蛋1个

玉米淀粉7克
动物鲜奶油180克
饼干底
饼干100克

黄油50克
表面装饰
杏仁粉少许

大理石花纹
巧克力10克
动物鲜奶油10克

分量

六寸蛋糕1个

烤制

160℃，下层，上下火，60分钟左右。

烘焙工具

打蛋盆、刮刀、面粉筛、秤、电动打蛋器、手动打蛋器、六寸活动蛋糕模、裱花袋、牙签、锡纸、烤盘、料理机。

准备工作

1　饼干用料理机搅拌至碎备用。
2　鸡蛋提前从冰箱取出回温并打成蛋液。
3　奶油奶酪提前室温下软化。
4　黄油提前用微波炉或隔热水融化成液体。
5　蛋糕烤制前，提前10分钟预热烤箱。

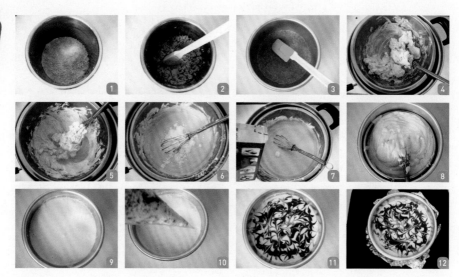

1　压好的饼干放入容器中。(饼干要尽可能的碎一些)

2　黄油稍冷却后,和饼干搅拌在一起。(黄油在没有凝固前就开始搅拌,这样比较容易)

3　搅拌好的黄油饼干糊倒入活动底的六寸模具中,用刮刀或者是其他比较硬一些的东西按平,放入冰箱冷藏备用。

4　奶油奶酪可以隔着温水软化,加入细砂糖,用手动打蛋器顺时针搅拌好。

5　分三次加入鸡蛋液,搅拌均匀。

6　搅拌好的奶油奶酪糊,倒入过筛好的玉米淀粉。

7　倒入动物鲜奶油,搅拌好。

8　将搅拌好的面糊过筛倒入冷藏好的黄油饼底脱底模具中。

9　倒入模具中,要轻敲几下,让面糊里没有气泡。

10　10克的巧克力加入10克动物鲜奶油。隔温水融化成巧克力奶油糊,放入一个新的裱花袋中。(温水的温度一般是40℃左右)

11　裱花袋剪一个小口子(记住千万不能大),挤在奶油奶酪面糊中。用牙签划出花纹。

12　烤箱160℃预热,烤盘上倒入温水,将蛋糕模具外面包上锡纸,放入烤盘中,上下火,最下层烤60分钟即可。取出后,在蛋糕侧面抹上杏仁粉装饰。

0失败"蜜"籍

1　玉米淀粉过筛会比较细腻。玉米淀粉就是玉米做成的淀粉,不同于玉米粉。玉米粉是黄色的,玉米淀粉是白色的,没有筋度,所以通常会用玉米淀粉加普通面粉以1:4的比例调制成低筋面粉。

2　制作时也可以用固定模具。如果使用活动模,用锡纸包模具的时候一定要包好,否则容易漏。

3　蛋糕侧面也可以抹蛋糕碎,或者是饼干碎。

果酱芝士蛋糕

◈ 难易程度：中等　★★★☆☆
◈ "时"全食美：1天

过节的时候闲来无事做了几个蛋糕吃吃。

我发觉自己，如果在哪儿站一个小时都站不了，可是在厨房站几个小时也没事儿。

而且我做蛋糕的兴趣，远远大于吃蛋糕的兴趣。

当吃的人满嘴的幸福，和满脸的笑意，我觉得这一切也就值了。

或许烘焙的滋味也就在此吧。

原料

饼干底
饼干100克
黄油50克

芝士层
牛奶50克

果酱100克
细砂糖10克
吉利丁片5克
奶油奶酪250克
动物鲜奶油150克

表面装饰
动物鲜奶油30克
细砂糖5克
果酱少许

分量

六寸活动底蛋糕1个

烘焙工具

打蛋盆、刮刀、秤、电动打蛋器、手动打蛋器、六寸活动底模具、软刮板、料理机。

准备工作

1　黄油隔热水融化。

2　吉利丁片泡水至软备用。

1　饼干100克放入料理机中搅拌成粉末。(也可以将饼干装入保鲜袋中用擀面棍压成粉末状备用。但料理机会弄得更碎一些)

2　黄油50克隔热水融化。(也可以用微波炉融化)

3　将搅拌好的饼干末倒入黄油中。

4　搅拌均匀。

5　将饼干底倒入准备好的蛋糕模具中。

6　用软刮板压牢。(这一步很重要,压好了,压实了,切的时候才不会碎)

7　压好后将模具放冰箱冷藏室备用。

8　吉利丁片5克用自身五倍的冷开水泡软。(也可以用吉利丁粉,分量是一样的)

9　奶油奶酪250克从冰箱冷藏室取出来,隔温水软化。(奶油奶酪适合冷藏,不适合冷冻。冷冻过的奶油奶酪在软化的时候,有小颗粒,需要过筛后再用。)

10　倒入牛奶50克。

11　搅拌均匀后,倒入已经泡软的吉利丁片。

12　倒入配方中的细砂糖10克,隔温水一起溶化。(注意细砂糖的量根据个人口味,因为这里用了果酱,所以糖量减少很多)

13　再倒入果酱100克。(这时可以取出容器,不用隔水加热了。因为吉利丁片已经融化,奶油奶酪也已经顺滑,目的达到了)

14　将果酱和奶油奶酪一起搅拌均匀。(做到这一步的时候,刚从温水中取出来还很热,下一步和打发好动物鲜奶油混合的时候,这个温度最好保持在20℃左右,如果温度过高会融化动物鲜奶油,如果温度过低,吉利丁片会提早凝固,动物鲜奶油和吉利丁片就搅拌不起来,也会有小颗粒)

15 150克动物鲜奶油打发，这里没加细砂糖，因为蛋糕本身较甜。（一般情况下，我会用动物鲜奶油自身1/10或1/5的细砂糖）动物鲜奶油要先放冰箱冷藏室12小时以上，这样动物鲜奶油是低温的。（如果在夏天，底部要垫上冰块，动物鲜奶油才容易打发。如果在冬天，可以不用垫冰块。打发动物鲜奶油的容器，要记得是动物鲜奶油量的三倍容量就好，如果容器太大，奶油只在底部，打发的时候，打蛋器不能充分搅拌动物鲜奶油，会导致打发动物鲜奶油失败。也要注意，奶油打发至有纹路时就可以了，如果再继续下去，会容易油水分离）

16 将打发好的动物鲜奶油倒入奶油奶酪糊中。

17 搅拌均匀。

18 倒入刚才放入冰箱冷藏室的模具中。（这时黄油已经凝固，饼干底已经成形）

19 蛋糕模装好面糊后，再及时地敲打几下，让奶油奶酪糊不会有空洞，表面平整。

20 放冰箱冷藏一晚上，次日取出。表面再用打发的动物鲜奶油装饰，用一些插片点缀，果酱也可。

0失败"蜜"籍

1 关于免烤蛋糕，可以用现成的慕斯模具，也可以用活动底模具来制作。

2 吉利丁片是起凝固作用的，所以加入吉利丁的奶油奶酪糊和打发的鲜奶油混合的时候，要注意，温度不能太低或太高。和手的温度差不多就可以。

3 奶油奶酪糊装入模具中，表面光滑是关键。

4 关于冷藏的时间，冷藏保险一些，一晚上即可，也可以两个小时。如果你太心急，可以放冷冻层，一个小时也行。

5 关于芝士蛋糕如何切平整，可以用刀口是平的那种蛋糕刀，在火中加热一下，一刀下去即可平整，不要像切吐司一样来回锯。

入口即化的 **慕斯蛋糕** **6** 款

慕斯蛋糕的注意事项

🌿慕斯圈要包牢

制作慕斯蛋糕会用到慕斯模具，慕斯模具底部是空的，需要在底部包上一层锡纸，这样才不会让液体流出来。锡纸上面再加一层保鲜膜，会更牢固。

🌿奶油和液体混合看时机

动物淡奶油一般是打发至有纹路再和其他液体混合。其他液体里都是放有吉利丁等凝固剂，混合好后，再放凉就是慕斯蛋糕了。

但吉利丁遇热才溶解，这些液体是热的，而淡奶油是隔冰水打发的，所以一定要注意等液体放凉以后再和淡奶油混合。

另外如果室温较低，液体会非常快放凉，所以要注意千万别太凉了，否则液体已经凝固（因为含有吉利丁），再混合淡奶油就不容易了。

🌿慕斯面糊要细腻

混合好的慕斯面糊要细腻，看上去很光滑。如果本身就是颗粒状的，制作出来的成品不会好看，更不会好吃的。

1

心形巧克力木瓜慕斯

◎ 难易程度：难 ★★★★★
◎ "时"全食美：4小时 ⏱⏱⏱⏱

一个慕斯五种口味，总共分五次完成。五种不一样的品尝感觉，有兴趣的朋友可以做做看。

原料

蛋糕体
牛奶130克
动物鲜奶油130克
细砂糖44克

巧克力10克
吉利丁粉11克
木瓜肉200克
水100毫升

表面装饰
巧克力花适量

分量
六寸心形慕斯1个

烘焙工具
打蛋盆、刮刀、秤、电动打蛋器、手动打蛋器、心形模具、锡纸、小锅、料理机。

准备工作

1 低筋面粉过筛备用。
2 吉利丁粉和细砂糖分次搅拌均匀。
3 黄油提前室温下软化至20℃。
4 将木瓜肉切成木瓜丁备用。

做法

1　准备一个六寸心形脱底模具，底部包锡纸。

2　50克牛奶加2克吉利丁粉和3克细砂糖的混合物煮开，加入巧克力10克隔冷水放凉，再加打入稍打发的动物鲜奶油50克（动物鲜奶油50克打发时加细砂糖5克），搅拌好，倒入心形模具中，这是第一层。放冰箱冷冻至硬。

3　40克牛奶加入2克吉利丁粉和3克细砂糖的混合物煮开，隔冷水放凉。再加入稍打发的40克动物鲜奶油（动物鲜奶油40克打发时加细砂糖5克），搅拌好，再加入50克木瓜丁，倒入冻好的心形模具中，这是第二层。放冰箱冷冻至硬。

4　40克牛奶加入50克木瓜丁，用料理机搅拌成泥，加入2克吉利丁粉和3克细砂糖的混合物煮开，隔冷水放凉。再加入稍打发的动物鲜奶油40克（动物鲜奶油40克打发时加细砂糖5克），搅拌好，倒入冷冻好的心形模具中，这是第三层。放冰箱冷冻至硬。

5　50克木瓜丁加入50毫升水、吉利丁粉2克、细砂糖10克的混合物煮开，隔冷水放凉。倒入冷冻好的心形模具中，这是第四层。放冰箱冷冻至硬。

6　50克木瓜丁，加入50毫升水搅拌成泥，加入3克吉利丁粉和10克细砂糖的混合物煮开，隔冷水放凉。倒入冷冻好的心形模具中，这是第五层。放冰箱冷冻至硬。完成后脱模，表面撒巧克力花装饰。

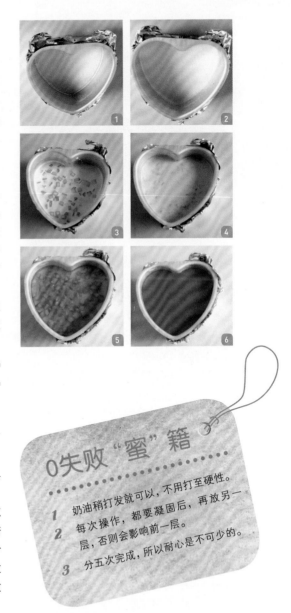

0失败"蜜"籍

1　奶油稍打发就可以，不用打至硬性。

2　每次操作，都要凝固后，再放另一层，否则会影响前一层。

3　分五次完成，所以耐心是不可少的。

蛋糕卷慕斯

◉ 难易程度：难 ★★★★★
◉ "时"全食美：2个半小时 🕐🕐🕐

这款蛋糕看起来简单，制作起来还是要费点心思。将蛋糕先制作好后，要卷入果酱做成蛋糕卷，再加入慕斯馅，算是一款比较复杂的蛋糕了。

0失败"蜜"籍

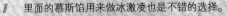

1　里面的慕斯馅用来做冰激凌也是不错的选择。
2　放入其他果酱味道也一样的好。
3　如果没有心形模具，也可以放在圆形的模具里制作哦。

原料

蛋糕体
鸡蛋4个
细砂糖60克
牛奶30克
低筋面粉65克
蛋糕卷果酱
草莓酱100克

慕斯原料
牛奶125克
吉利丁片5克
动物鲜奶油200克
草莓酱70克
蛋黄1个
细砂糖20克

表面镜面
吉利丁粉2克
细砂糖5克
水30毫升
表面装饰
银珠糖少许

分量
六寸心形慕斯1个
烤制
180℃，中层，上下火，15分钟左右。
烘焙工具
打蛋盆、刮刀、面粉筛、秤、电动打蛋器、手动打蛋器、油纸、心形模具、刮板、烤盘、小锅。

准备工作
1　低筋面粉过筛备用。
2　鸡蛋提前从冰箱取出回温。
3　吉利丁片泡水备用。
4　牛奶提前放室温下回温。
5　蛋糕烤制前，提前10分钟预热烤箱。

1　鸡蛋加细砂糖隔40℃左右温水打发至浓稠状，蛋糊滴落不会轻易消失。

2　慢慢倒入过筛后的低筋面粉，用刮刀自下而上翻拌好。（要小心点，不要消泡）

3　加入牛奶翻拌好。

4　倒入放有油纸的烤盘里抹平（可以用刮板抹平），烤箱180℃预热好后，将烤盘放入烤箱中层烤15分钟左右。

5　烤好的蛋糕体取出后，放烤网上放凉，然后撕掉下部油纸，重新放一张大油纸上。

6　在上面抹草莓酱。

7　卷好，放冰箱冷冻备用。

8　制作慕斯馅，牛奶加细砂糖煮开。

9　牛奶煮到80℃时，加入1个蛋黄搅拌。

10　再放入吉利丁片，搅拌至溶化。（这时，温度较高，吉利丁片容易溶化）

11　冷却后，加入草莓酱搅拌好。

12　冷冻好的蛋糕卷取出切片。

13　排放在心形模具中，模具底部和侧面都要均匀地排放好。

14　动物鲜奶油打至有纹路，和冷却至室温的牛奶蛋黄液搅拌好。

15　倒入心形模具中，放冰箱冷藏或冷冻至硬即可。取出淋上镜面果胶（镜面原料混合均匀煮开放凉，即是镜面果胶），凝固后撒上银珠糖即可。

3 冰激凌蛋糕

- ◎ 难易程度：中等 ★★★☆☆
- ◎ "时"全食美：3小时 ①①①

夏天到了，做个冰激凌蛋糕吧。特别是夏天生日的朋友们也可以做为生日蛋糕哦，是不是感觉很凉爽呢？

原料

冰激凌原料
果珍25克
蛋黄2个
动物鲜奶油200克

分量
2个

烤制
175℃，中层，上下火，20分钟左右。

烘焙工具
打蛋盆、刮刀、面粉筛、秤、电动打蛋器、手动打蛋器、硅胶蛋糕模、裱花袋、圆口花嘴、烤盘、冰激凌机、硅胶垫、小锅。

细砂糖少许
手指饼原料
鸡蛋2个
低筋面粉45克

细砂糖30克
糖粉少许

准备工作

1　低筋面粉过筛备用。

2　冰激凌原料中，鸡蛋提前从冰箱取出回温，将蛋黄和蛋白分开，蛋黄留用。

3　手指饼原料中，鸡蛋提前从冰箱取出回温，将蛋黄和蛋白分开备用。

4　黄油提前室温下软化至20℃。

5　点心烤制前，提前10分钟预热烤箱。

做法

冰激凌做法

1　果珍煮开。

2　蛋黄打入容器中。

3　将果珍呈线形倒入蛋黄中，一边倒，一边搅拌好。（为什么果珍要线形倒入呢？因为直接倒入容易烫熟蛋黄）

4　冷却后，倒入动物鲜奶油和少许细砂糖调味。

5　搅拌好。

6　放冰箱冷冻1小时后，放冷冻好的冰激凌机搅拌20分钟。

手指饼做法

7　蛋白分次加入细砂糖打至硬性发泡。

8　蛋黄搅拌散开。

9　将打好的蛋白霜和蛋黄分两次搅拌好，要自下而上翻拌均匀。

10　再加入过筛好的低筋面粉。

11　自下而上翻拌均匀。

12　用圆口花嘴装入裱花袋，在放有硅胶垫的烤盘上，挤成手指形状，大小和硅胶蛋糕模具差不多。手指饼上面撒糖粉，烤箱175℃预热好后，再在手指饼干表面撒一层糖粉，将烤盘放入烤箱中层烤20分钟左右上色取出放凉。

13　将硅胶蛋糕模具底部放一层冰激凌。

14　再放烤好并放凉的手指饼。

15　再放冰激凌，最后放一层手指饼，放冰箱冷冻至硬取出。

0失败"蜜"籍

1　动物鲜奶油可以稍打发，也可以不打发。

2　如果没有冰激凌机，可以放冰箱冷冻室，半小时取出搅拌一次，直到基本变稠。

3　也可以用海绵蛋糕代替手指饼。

4　手指饼搅拌的时候，不能画圈，要自下而上翻拌。

5　如果没有果珍也可以用橙汁。

4

方形草莓慕斯

◉ 难易程度：中等 ★★★☆☆

◉ "时"全食美：5小时 🕐🕐🕐🕐🕐

又是一款草莓味的点心，草莓颜色鲜艳亮丽，用来制作蛋糕是非常完美的。

原料

蛋糕体
鸡蛋2个
细砂糖30克
低筋面粉40克
植物油40克
橙汁15克
慕斯馅
橙汁200克
吉利丁粉10克

细砂糖25克
动物鲜奶油100克
果冻液
吉利丁粉1克
细砂糖1克
橙汁25克
表面装饰
草莓适量

分量

六寸方形蛋糕1个

烤制

170℃，中层，上下火，25分钟左右。

烘焙工具

打蛋盆、刮刀、面粉筛、秤、电动打蛋器、手动打蛋器、方形蛋糕模、方形慕斯圈、锡纸、烤盘、小锅。

准备工作

1 低筋面粉过筛备用。

2 鸡蛋提前从冰箱取出回温。

3 草莓清洗干净对半切开备用，另小部分切草莓片备用。

4 蛋糕烤制前，提前10分钟预热烤箱。

做法

蛋糕体做法

1 鸡蛋加入30克细砂糖隔温水打至写8字稍后才消失。

2 植物油加橙汁搅拌好。

3 将低筋面粉过筛两遍后，倒入打发好的鸡蛋糊中，用刮刀自下而上翻拌好。取一小部分蛋糊和植物油以及橙汁搅拌，搅拌好的面糊，再倒回蛋糊中，翻拌均匀。最后，将制作成功的蛋糕糊倒入方形蛋糕模具中，烤箱170℃预热，中层烤25分钟左右，上色即可。

慕斯馅做法

1　吉利丁粉和25克细砂糖搅拌好。

2　橙汁准备好备用。

3　将吉利丁细砂糖倒入橙汁中。

4　放在锅中加热至滚开关火。

5　动物鲜奶油100克准备好。

6　用电动打蛋器搅拌至有纹路。

7　橙汁放在冷水中搅拌至刚好冷却。

8　然后和动物鲜奶油搅拌好就是慕斯馅了。

9　准备一个慕斯圈，和少许草莓。

10　用慕斯圈压好蛋糕形状。

11　分成两片蛋糕体，一片刚好和慕斯圈一样大，另一片比慕斯圈稍小一圈。

12　慕斯圈下面包锡纸。

13　放入第一片蛋糕体。

14　再把对半切好的草莓整齐地排放在六寸慕斯圈内部。

15　上面灌上慕斯馅。

16　再放第二片蛋糕体。

17　放上最后的慕斯馅，放入冰箱冷藏3小时至凝固。

18　取出后，再排上切片草莓，淋上果冻液（果冻液材料煮开放凉）再冷藏1小时即可。

0失败"蜜"籍

1　蛋糕体是海绵蛋糕，直接把鸡蛋打发了，就可以做了。

2　在制作慕斯馅的时候，前半部分是一个果冻液类型的液体。所以在和奶油搅拌前要注意温度不能低，如果低了就成了果冻了。温度也不能高，如果高了，就会把奶油融化了。

3　此方子中奶油量极少，不太喜欢浓郁奶油味的朋友可以试试。

5

双色果冻慕斯

◎ 难易程度：中等 ★★★☆☆
◎ "时"全食美：4小时 🌑🌑🌑🌑

炎炎夏日好清凉，这款蛋糕就是奔着清凉来的。一层果冻一层慕斯，颜色搭配也极漂亮哦。

原料

蛋糕体

牛奶150克
果珍25克
水200毫升

白巧克力30克
细砂糖30克
动物鲜奶油150克
吉利丁粉12克

表面装饰

开心果少许
插片少许
木瓜丁少许

分量

六寸方形慕斯1个

烘焙工具

打蛋盆、刮刀、秤、电动打蛋器、手动打蛋器、方形慕斯圈、保鲜膜、锡纸、烤盘。

准备工作

1　配方中牛奶、白巧克力、动物鲜奶油分别分成三份。
2　果珍和水分成均等的两份。

1 慕斯圈先包一层保鲜膜。

2 再包一层锡纸。（这样做的目的是慕斯馅不会漏出来，也可以包两层锡纸）

3 50克牛奶加入吉利丁粉2克和细砂糖3克的混合物煮开。

4 加入10克白巧克力至溶化。

5 隔冰水放凉。（冷水也可以，时间长些）

6 50克动物鲜奶油加入细砂糖5克倒入碗中。

7 用打蛋器稍打发，为了层数之间高度差不多，不用打多久。

8 和放凉的牛奶搅拌好。

9 倒入模具中放冰箱冷冻，这是第一层，其他两层（第三层和第五层）和此做法相同。

10 果珍12.5克倒入容器中。

11 倒入吉利丁粉3克和细砂糖3克的混合物。

12 加入水100毫升煮开后关火。

13 完全放凉后倒入已经凝固的第一层慕斯馅上再放冰箱冷冻，这是第二层，另一层（第四层）做法和此相同。

14 如此操作，直到模具放满。总共是两层果冻层，三层慕斯层。

15 全部冻好后，放在室温下，用吹风机吹一圈就可以脱模。（如果室温较高，放1分钟就可以脱模）可用开心果、插片、木瓜丁装饰蛋糕。

0失败"蜜"籍

1 制作馅料时，可以自己尝一下，觉得甜度刚好就可以，适合自己的口味最重要。

2 由于是分层操作，所以在制作的时候，一定不能心急，做好一层凝固后，再做下一层。

3 吉利丁粉就是鱼胶粉，加些细砂糖，倒入容器中煮开，不会结块。

4 没有牛奶，也可以用奶粉加水对制而成。

5 没有果珍可以用橙汁，更方便。

6

芒果慕斯蛋糕

◎ 难易程度：中等★★★☆☆
◎ "时"全食美：4小时 🕐🕐🕐🕐

很难想象，芒果肉藏在蛋糕中，别有一番美妙滋味，就等你来体验了！

原料

蛋糕体
蛋白50克
蛋黄25克
低筋面粉40克
细砂糖30克

分量

六寸圆形蛋糕1个

烤制

180℃，中层，上下火，20分钟左右。

烘焙工具

打蛋盆、刮刀、面粉筛、秤、电动打蛋器、手动打蛋器、圆形活动蛋糕模、硅胶垫、料理机、裱花袋、烤盘、油纸、粗眼筛、牙签。

馅料
吉利丁片8克
芒果150克
动物鲜奶油250克
蛋黄1个

牛奶100克
香草豆荚1/4根
低筋面粉8克
细砂糖50克

准备工作

1　低筋面粉过筛备用。

2　蛋糕体中的鸡蛋提前从冰箱取出回温，将蛋黄和蛋白分开备用。

3　馅料中的鸡蛋提前从冰箱取出回温，将蛋黄和蛋白分开，蛋黄留用。

4　香草豆荚用小刀刮出香草籽。

5　吉利丁片用冷水泡软。

蛋糕烤制前，提前10分钟预热烤箱。

做法

蛋糕体做法

1　蛋白分三次加入20克细砂糖打至硬性发泡。

2　蛋黄加入10克细砂糖打至变白。

3　将蛋黄和蛋白合并翻拌。

4　倒入低筋面粉翻拌均匀。

5　翻拌好的样子。

6　将面糊装入裱花袋中，裱花袋剪个小口子。

7　在有硅胶垫的烤盘上，挤成圆形，总共需要4块。每块直径约14厘米。多出的面糊用来挤手指饼干即可。放入预热好180℃的烤箱中层，烤20分钟左右，上色即可。

馅料做法

8　蛋黄加入细砂糖打至发白。

9　取另一锅，牛奶加入豆荚外壳，籽也一起放入牛奶中煮开。

10　煮开的牛奶倒入蛋黄中搅拌均匀，注意要慢慢地将牛奶倒入蛋黄中。（防止牛奶烫熟蛋黄）

11　倒入过筛后的面粉搅拌均匀。

12　然后过滤出豆荚外壳煮至糊状。

13　吉利丁片提前用冷水泡软。

14 泡软的吉利丁片倒入牛奶蛋黄糊中搅拌直至变凉。

15 芒果取果泥140克，用料理机搅拌成糊。

16 将果泥用粗眼筛过筛。

17 再将果泥倒入牛奶蛋黄液中。

18 动物鲜奶油倒入无油无水的容器中。

19 用电动打蛋器打发至有纹路。

20 打发好的动物鲜奶油分次倒入蛋黄牛奶中混合均匀。

21 混合好后即是慕斯糊。

22 取一个六寸活底圆形模具。

23 先放一块提前做好的蛋糕底。

24 倒入四分之一慕斯糊。

25 再放一片蛋糕底，然后再倒一层慕斯糊，总共是四片蛋糕底，依次放入后，最后将慕斯糊全部铺满。

26 10克芒果泥过粗眼筛，滴几滴在慕斯糊表面。

27 用牙签划几圈即可。放冰箱冷藏室冷藏至凝固即可。

0失败 "蜜" 籍

动物鲜奶油提前放冰箱冷藏室，这样容易打发。

1 动物鲜奶油打至有纹路即可。

2 装入慕斯面糊要注意控制分量，这样做出来的层次才比较均匀。

3 用吹风机吹模具一圈即可轻松脱模。

4 如果害怕慕斯糊会漏出活动模具，可以在活动模具底部包上一层锡纸。

5

眼前一亮的装饰蛋糕5款

装饰蛋糕的注意事项

在制作装饰蛋糕时，无一例外地会用到裱花嘴转换器。裱花嘴转换器是连接裱花嘴和裱花袋的工具，它是如何安装的呢？

如何使用转换器？

1 准备一个裱花嘴和裱花袋，以及一个转换器。

2 将裱花袋的头部用剪子剪去一点，好让转换器的前端能从裱花袋中伸出来。

3 将转换器小头朝下放入裱花袋中。

4 从裱花袋中露出转换器的前端。（注意转换器千万别从花袋中掉出来了哦）

5 将裱花嘴安在转换器上。

6 用转换头固定就可以了。

没有转换器怎么办？

如果没有转换器，只有裱花嘴和裱花袋的话，那么将裱花袋的前面同样也用剪子剪掉一点，再将裱花嘴放入裱花袋中，将裱花嘴的前端露出花袋即可。（注意裱花嘴千万别掉出来哦）

✍如何隔水加热巧克力？

有些配方中，巧克力需要隔水加热，那么如何操作呢？

1　将巧克力切成碎屑放入容器中，如果配方中有黄油，也请一起放入。

2　将小锅装上水，加温到50℃，再放入有巧克力的容器，用刮刀不停地搅拌，不一会儿就能融化了。

　　注意：有些朋友急性子，热水加到100℃行不行？这样不是化得会快点？回答是，不行。因为巧克力融化最高耐热不能超过50℃，超过50℃极容易油水分离，导致失败。

✍烤网有妙用

小小的烤网不只是能在烤箱中有作用，其实在一些装饰蛋糕中，可以用来做淋面的道具哦。将蛋糕放在烤网上，并在烤网下面放一个容器，再淋上巧克力液，这样做起装饰蛋糕来就很方便。

✍牙签能当分片器

如果你手头上没有分片器，可以在蛋糕的四周分别扎上牙签，距离相等。然后用蛋糕刀根据牙签的位置，就能切出均等的薄片来啦。

✌如何打发淡奶油?

装饰蛋糕中,最常用的就是淡奶油了。那么淡奶油如何打发呢?

1 根据淡奶油的量选择适合的容器。如果淡奶油量少容器过大的话,那淡奶油只有容器底部一层,打发极不方便,也不容易全部打发到位。淡奶油量大容器过小的话,打发的时候淡奶油会溢出容器了。

2 冰水来帮忙。淡奶油是非常喜欢低温的,所以打发前,一定要将淡奶油放在冰箱中冷藏12小时以上。同时为了保证能打发成功,最好在打发前,将装淡奶油的空容器放冰箱内冷冻半小时取出擦干,再装淡奶油,这样可以保证淡奶油的低温。也可以在装有淡奶油容器的底部,放一个有冰水的大容器,打发时就可以保证足够的低温。

3 全程打发用低速。如果你用的是电动打蛋器的高速档,打发淡奶油的时候是极容易打过头了,这时,就需要用低速档,可以有利地观察淡奶油的情况,及时关机。如果是手动打蛋器就没有这个问题了。

4 动物淡奶油打发好后加馅料。有些淡奶油中是添加馅料的,要打发好后再添加,这样会容易成功。

✌装饰刀叉来帮忙

在进行蛋糕装饰的过程中,不光是裱花嘴派上大用场,有些刀子、勺子,或是叉子,也能起到装饰的作用。

草莓奶油蛋糕

- ◉ 难易程度：中等　★★★☆☆
- ◉ "时"全食美：1个半小时

在朋友那儿学到一种特别简单的蛋糕装饰方法，立即就尝试了一下。虽然没有任何色素，只是有草莓的加盟，但蛋糕也增色了不少。

这样，家里人过生日就能吃上放心的蛋糕啦。蛋糕做得比较小，动物鲜奶油用了250克，草莓也只用了4元钱的量，还不错哦。

 原料

蛋糕体
鸡蛋2个
细砂糖35克
低筋面粉40克

水20毫升
植物油20克
盐0.5克

表面装饰
动物鲜奶油250克
细砂糖25克
草莓200克

分量

六寸蛋糕1个

烤制

150℃，中下层，上下火，40分钟左右。

烘焙工具

打蛋盆、刮刀、面粉筛、秤、电动打蛋器、手动打蛋器、蛋糕模、转台、裱花袋、裱花嘴、烤网、抹刀、三角齿刮板。

准备工作

1　低筋面粉过筛备用。

2　鸡蛋提前从冰箱取出回温，将蛋黄和蛋白分开备用。

3　动物鲜奶油加入细砂糖打发，放冰箱冷藏室备用。

4　草莓清洗干净后切碎粒，部分草莓对半切备用。

5　蛋糕烤制前，提前10分钟预热烤箱。

做法

1 按戚风蛋糕的步骤制作好戚风蛋糕后将蛋糕坯一分为二，取其中一份放在转台上，先抹打发好的奶油。

2 在上面铺草莓粒，要铺满满的一层。

3 再抹一层打发好的动物鲜奶油，在蛋糕的边缘也多抹些动物鲜奶油，这样外面好抹平。

4 放上另一块蛋糕片，在蛋糕片的顶部再抹动物鲜奶油。

5 用抹刀尽量抹平。

6 在蛋糕边上用了三角齿刮板，走了一圈，这是比较懒的方法，也很容易出效果。

7 将打发好的动物鲜奶油装入有中号八齿花嘴的裱花袋中来挤花，下面一圈挤贝壳纹路。

8 装饰切半的草莓。

9 做好后的样子。

10 切的时候，根据草莓粒来。这里放的时候比较随意，大约放8个草莓瓣或6个草莓瓣，切的时候就比较容易了。

11 看看内部奶油馅料。

12 好多的动物鲜奶油，好多的草莓粒哦。

0失败"蜜"籍

1 制作奶油蛋糕，一定要打好动物鲜奶油。

2 动物鲜奶油加入细砂糖打发好后放冰箱冷藏室。在蛋糕做好后倒扣的时候打发，时间最佳。

3 制作好的奶油蛋糕最好尽快吃完。

2

巧克力给人带来能量，奶油酱给人带来润滑的口感。两者相搭配，让点心有了不一样的味觉体验。

巧克力小纸杯

◎ 难易程度：中等　★★★☆☆

◎ "时"全食美：1个半小时 🕐🕐

原料

蛋糕体	卡仕达酱
黄油100克	蛋黄2个
巧克力100克	低筋面粉15克
低筋面粉70克	牛奶150克
可可粉6克	黄油60克
无铝泡打粉2克	细砂糖40克
鸡蛋2个	**表面装饰**
细砂糖55克	橘子少许

分量

13杯左右

烤制

190℃，中层，上下火，10分钟左右。

烘焙工具

打蛋盆、刮刀、面粉筛、秤、电动打蛋器、手动打蛋器、小纸托、硅胶模、裱花袋、烤网、裱花嘴、小锅。

准备工作

1 低筋面粉加入可可粉和无铝泡打粉过筛备用。

2 鸡蛋提前从冰箱取出回温。

3 黄油提前室温下软化切成小块。

4 巧克力切成碎粒。

5 橘子去皮后切成小瓣。

6 蛋糕烤制前，提前10分钟预热烤箱。

做法

蛋糕体做法

1 巧克力加入软化的黄油。

2 黄油和巧克力隔温水融化。（水温不要过高，大概50℃）

3 鸡蛋液打散（最好是室温温度），倒入融化的巧克力中。

4 搅拌均匀。

5 加入细砂糖，再搅拌均匀。

6 加入过筛后的面粉。

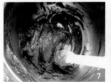

7　自下而上翻拌均匀。

8　将面糊装入裱花袋中，再依次挤入小
　　纸杯中，烤箱190℃预热好后，将纸杯

放在烤网上并放入烤箱中层烤10分钟
左右。

9　烤好后并放凉。

卡仕达酱做法

10　蛋黄加入细砂糖搅拌均匀。

11　慢慢地倒入加热后的牛奶搅拌均匀。

12　将面粉过筛后倒入牛奶鸡蛋液中搅拌
　　均匀。

13　用筛子过一下。

14　在锅中用小火慢慢煮。

15　一直煮至浓稠有纹路。

16　关火后，倒入黄油搅拌至黄油软化并混
　　合均匀后隔冰水放凉，即可放入有裱花
　　嘴的裱花袋中，并将酱料挤在蛋糕上，
　　再装饰橘子瓣即可。

0失败"蜜"籍

1　巧克力小蛋糕的做法很像布朗尼，只是装入了小纸杯中。

2　纸托本身不能独立支撑蛋糕，需要放在硅胶模上才可以进行操作。

3

连着三天做了三次法式海绵蛋糕，朋友们都吃厌啦。

于是，我就裱了一下。虽然一年多以来都没做过裱花蛋糕了。

也算是新手练习，适合初学者哦。

巧克力裱花蛋糕

◎ 难易程度：中等 ★★★☆☆

◎ "时"全食美：2个半小时 ●●●

原料

蛋糕体

低筋面粉90克
细砂糖90克
鸡蛋3个
黄油20克

表面装饰

巧克力奶油酱由两部分组成

1. 卡士达酱
蛋黄2个
细砂糖40克
低筋面粉16克
牛奶160克

黄油60克（室温软化）

2. 巧克力奶油酱
巧克力60克
动物鲜奶油40克

巧克力屑、银珠糖各少许

分量

六寸蛋糕1个

烤制

175℃，中下层，上下火，30分钟左右。

烘焙工具

打蛋盆、刮刀、面粉筛、秤、电动打蛋器、手动打蛋器、烤盘、转台、裱花袋、裱花嘴、小锅、牙签、六寸蛋糕模具。

准备工作

1 低筋面粉过筛备用。

2 鸡蛋提前从冰箱取出回温。

3 蛋糕体原料中的黄油提前室温下隔水融化。

4 蛋糕烤制前，提前10分钟预热烤箱。

0失败"蜜"籍

1 全蛋打发很关键，如果没有打发好，就会消泡。所以，一定要保证打发是到位的。

2 只要是打发好的全蛋，即使是加入面粉，用电动打蛋器搅拌，也是没有问题的，烤时一样会膨胀。

3 全蛋糕，比戚风蛋糕实在，蛋香味足，但没有戚风蛋糕松软。

做法

蛋糕体做法

1 鸡蛋（全蛋）放入无油无水的容器中，用电动打蛋器打发。

2 打至起沫后，一次性倒入细砂糖。

3 隔温水用高速继续打发，打至表面没有大的泡泡，颜色变白，蛋糊掉下去不容易消失。

4 倒入过筛后的低筋面粉，翻拌均匀。

5 再取少许面糊放入融化的黄油中。

   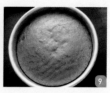

6　混合好后，倒回大的容器中。

7　用刮刀自下而上翻拌均匀。

8　倒入没有做任何处理的活底六寸蛋糕模具中。

9　轻敲打几下，并放入175℃预热好的烤箱中，中下层烤30分钟左右。烤好后立即倒扣在烤网上冷却30分钟后，再脱模。(烤前为什么要敲打模具呢? 是为了让蛋糕烤好后内部不会出现大的空洞)

表面装饰做法

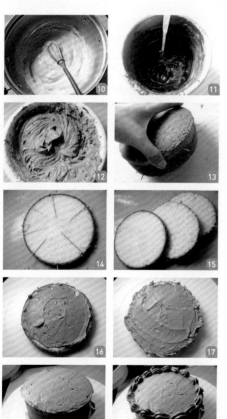

10　卡士达酱做好。做法请见第139页。

11　巧克力奶油酱中的动物鲜奶油煮开，加入切碎的巧克力溶化。

12　卡仕达酱分两次加入巧克力酱搅拌均匀，就是打发好的蛋糕表面装饰料。

13　下面来装饰蛋糕，先用牙签将蛋糕分成三份。中间大约8厘米扎一根牙签，这样用刀切的时候就比较方便，也比较平整。

14　切下第一片后，将牙签取走不用。

15　总共切两次，分成三片。注意，将边上的蛋糕屑抹掉。

16　取第一片蛋糕片，上面抹图12中的装饰料。

17　再放一层蛋糕片，再抹一层装饰料。

18　盖上最后一层蛋糕片，外面用装饰料抹平。

19　中号六齿花嘴放入裱花袋中，将装饰料再装入裱花袋中，挤出一圈花，然后移动到盘子中，边上再挤一圈花。撒上巧克力屑、装饰银珠糖即可。

4

巧克力装饰蛋糕

◎ 难易程度：中等 ★★★☆☆
◎ "时"全食美：1个半小时 🕐🕐

原料

巧克力蛋糕	糖粉20克	动物鲜奶油60克
鸡蛋2个	**巧克力馅**	黄油5克
细砂糖10克	巧克力60克	**表面装饰**
植物油30克	动物鲜奶油60克	动物鲜奶油、橙
水30毫升	黄油10克	子、插片、银珠糖
低筋面粉30克	**巧克力淋面**	各少许
可可粉5克	巧克力90克	

巧克力浓浓的香味，总是让人不能舍弃，特别是巧克力的蛋糕，在西点店里可是卖着大价钱呢。自己动手做一个，必胜过外面的一切蛋糕，为什么呢？心意更重要啊。

分量

六寸蛋糕1个

烤制

150℃，中下层，上下火，50分钟左右。

烘焙工具

打蛋盆、刮刀、面粉筛、秤、电动打蛋器、手动打蛋器、活动蛋糕模、烤网、倒扣架、裱花嘴、裱花袋、小锅。

准备工作

1 低筋面粉过筛备用。

2 鸡蛋提前从冰箱取出回温，将蛋黄和蛋白分开备用。

3 橙子切块备用。

4 动物鲜奶油加自身10%量的细砂糖打发好后，放冰箱冷藏备用。

5 蛋糕烤制前，提前10分钟预热烤箱。

0失败"蜜"籍

1 中间的夹层，奶油和巧克力分量1:1比较好。

2 外面的淋面，巧克力和奶油的比例是3:2比较好。

蛋糕体做法

1　水加入植物油煮开。

2　加入可可粉关火。

3　搅拌均匀后，加入细砂糖。

4　放凉后，加入2个蛋黄。

5　搅拌均匀。

6　倒入过筛后的低筋面粉。

7　再次搅拌均匀。

8　蛋白放入无油无水的容器中。

9　加入糖粉打至蛋白倒扣不滴。

10　分次将打发好的蛋白霜倒入可可面糊中。

11　翻拌均匀。倒入活动蛋糕模中，并轻轻敲打。烤箱150℃预热好后，将蛋糕模放在烤网上再放烤箱中下层，烤50分钟左右。

装饰蛋糕做法

12　准备巧克力蛋糕体，用刀将蛋糕坯子分成三份。

13　容器中放入巧克力馅原料。

14　隔水加热至溶化再放凉。

15　取蛋糕一片放在网架上，底部放一个盘子。

16　在第一层蛋糕坯上抹上巧克力馅，再加上另一片蛋糕坯继续抹巧克力馅，最后再放一片蛋糕坯。

17　将巧克力淋面中的巧克力和黄油放入另一个容器中。

18　再加入动物鲜奶油，然后隔温水融化再稍放凉。

19　将做好的淋面倒在蛋糕坯上，等巧克力完全变凉，然后在蛋糕表面用裱花袋挤入九份打发好的动物鲜奶油，并在上面放九个橙子块，最后再稍做装饰即可。

5

圣诞树根蛋糕

◎ 难易程度：中等 ★ ★ ★ ☆ ☆

◎ "时"全食美：2小时 🌓🌓

圣诞节里制作圣诞树根蛋糕，是非
常简单又应景的。
在树根上面撒些飘飘的雪花，这节
日的气氛就有了！

原料

小蘑菇
蛋白1个
细砂糖70克
水15毫升

蛋糕体
鸡蛋2个
细砂糖40克
植物油20克
水20毫升

低筋面粉40克
盐1克
果酱巧克力
果酱50克
水50毫升

黑巧克力80克
表面装饰
黑巧克力120克
动物鲜奶油80克
糖粉适量

分量
1个
烤制
100℃，中层，上下火，共计80分钟左右。
烘焙工具
打蛋盆、刮刀、面粉筛、秤、电动打蛋器、手
动打蛋器、电子温度计、裱花袋、硅胶垫、烤
盘、方形烤盘、油纸、烤网、叉子、小勺子、抹
刀、小锅。

准备工作

1 蛋糕体原料中，低筋面粉过筛备用。

2 小蘑菇原料中，鸡蛋提前从冰箱取出回
   温，将蛋黄和蛋白分开，留蛋白备用。

3 蛋糕体原料中，鸡蛋提前从冰箱取出回
   温，将蛋黄和蛋白分开备用。

4 蛋糕烤制前，提前10分钟预热烤箱。

小蘑菇做法（16个左右）

1　蛋白加入10克细砂糖放入无油无水的容器中。

2　15毫升水加入60克细砂糖放入小锅中。

3　糖水开始用小火煮。

4　同时蛋白打至湿性发泡。

5　等糖水煮至117℃左右。

6　快速地倒入蛋白。

7　将蛋白霜打至硬性发泡。

8　再装入挤花袋中。

9　挤出圆形（蘑菇头）和圣诞帽形（蘑菇根），然后烤箱100℃预热，中层放进去烤30分钟。

10　烤至小的蘑菇根发硬，然后把蘑菇头安在蘑菇根上继续烤硬（还要30~50分钟）即可。如果觉得操作麻烦，可以烤好后，取出来用融化的白巧克力安装。

蛋糕体做法

11　蛋糕体原料中的蛋白分三次加入30克细砂糖打至硬性发泡。容器里要保证无油无水。

12　蛋黄加入10克细砂糖、植物油、水和盐搅拌均匀。

13　再加入过筛后的低筋面粉混合均匀。

14　蛋白霜分两次加入蛋黄糊中自下而上翻拌均匀。

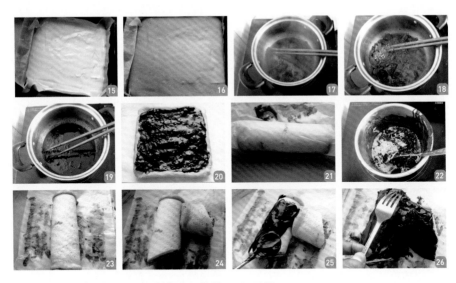

15 倒入铺好油纸的八寸方形烤盘中，烤箱180℃预热。

16 预热好后，将烤盘放在烤网上，放在烤箱中层烤20分钟左右取出来，放在烤网上放凉。

17 果酱加入水先煮开。

18 再倒入切碎的黑巧克力。

19 将果酱和巧克力混合均匀放凉备用。

20 蛋糕体放凉后撕掉油纸，再在底部放一张油纸，蛋糕放在油纸上。将果酱挤到蛋糕体的表面，用抹刀抹平。

21 然后借助于油纸将蛋糕卷起，停留几分钟定型。

22 表面装饰中的黑巧克力加入动物鲜奶油加热融化。

23 卷好的蛋糕卷去掉外面的油纸。

24 斜切成一大一小两块，并重新组装好。

25 将融化的巧克力奶油用小勺子涂在上面。

26 涂好后，用小叉子划出纹路。然后粘上小蘑菇，撒上糖粉装饰即可。

0失败"蜜"籍

1 如果说蛋糕卷表层油纸不容易撕掉，应该是还没烤熟。

2 如果蛋糕卷起的时候开裂，说明烤的时间过了。

3 巧克力融化后，如果不加动物鲜奶油会立刻凝固，所以加些动物鲜奶油可以更好地操作，也会显现树根的纹路。

早餐好选择 小餐包 8款

小餐包的注意事项

小餐包是早餐中最常见的一款面包。那么制作小餐包有什么要注意的呢?

➷面团要光滑

根据配方揉出来的面团要确保光滑。表面光滑的面团才是做好小餐包的第一步。

 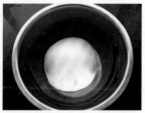

➷出膜最关键

做面包为什么要用到面包粉? 为什么蛋糕粉、饺子粉就不行呢? 因为面包粉的筋度高, 揉出的面团容易出筋。

餐包首先要拉出这样的薄膜, 否则进入烤箱的时候也膨胀不起来。

什么是扩展阶段呢? 就是面团表面光滑, 用手撑开面团会拉出薄膜, 但不破裂。

很多朋友也喜欢用面包机来揉面, 达到图片上的这种效果就可以了。

 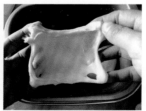

发酵不过头

面团揉好后，将其放入容器中进行发酵。发酵要求是在密封的环境中，如果不盖上盖，那么表皮就容易风干。

发酵不能过头，如果发过了头就会四下塌掉，呈一个平面，做出来的餐包效果也不会好。

发酵刚好   发酵测试   发酵过头

醒发要保湿

如果说一发对于面包来说，只要保证在一个密封的环境中就可以了，那么二发就比较复杂了。

一发过后，面包进入整形阶段，滚圆的面团一定要盖上保鲜膜，这样才不容易风干。

整形好后，要放在湿度为80%，温度为38℃左右的环境中进行发酵。如果湿度达不到80%，那么面包发酵好后表面就会比较干燥，吃起来就会很干了。

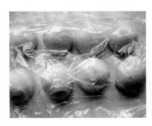 

小餐包加些馅会更好吃了，小朋友都会很喜欢。

慕斯琳小餐包

◎ 难易程度：中等 ★★★☆☆

◎ "时"全食美：3个半小时 ◔◔◔◔

原料

卡仕达酱

牛奶100克

蛋黄18克

细砂糖25克

低筋面粉5克

玉米淀粉5克

香草豆荚1/10根

分量

11个

烤制

180℃，中层，上下火，15分钟左右。

烘焙工具

打蛋盆、烤盘、秤、羊毛刷、保鲜膜、硅胶垫、裱花

面包体

高筋面粉200克

低筋面粉50克

酵母2.5克

盐2.5克

细砂糖25克

奶粉5克

鸡蛋25克

水140毫升左右

黄油25克

慕斯琳馅

黄油50克拌入卡仕达酱中即可

表面装饰

蛋液少许

袋、裱花嘴。

准备工作

1　鸡蛋提前从冰箱取出回温。

2　黄油提前室温下软化至20℃。

3　面包烤制前，提前10分钟预热烤箱。

0失败"蜜"籍

1　不要担心馅料挤不进去，会很容易挤进餐包里。

2　馅料要随吃随挤，不要一次性全挤好，否则不吃的话会容易坏。

做法

1　面包体原料除黄油外，揉成面团，至面团光滑后加入黄油揉至出膜。（本文面团中水量是看情况适量增加的）

2　放在密封的环境中发酵两倍大后，分成11份。每份约40克，并依次滚圆。盖上保鲜膜静置10分钟后，再次滚圆。然后排放在烤盘上。

3　在相应的温度和湿度下，发酵大一圈后刷上蛋液。（最好温度38℃，湿度85%，这样面包不容易干）

4　然后放入预热180℃的烤箱中，中层烤15分钟左右。

5　制作好的卡仕达酱（做法见第139页）放凉，软化的黄油打好，慢慢地加入卡仕达酱打发，即是慕斯琳馅。搅拌均匀后倒入花袋中。

6　将慕斯琳馅挤入小面包中即可。

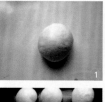

2 肉松餐包

- ◎ 难易程度：简单 ★☆☆☆☆
- ◎ "时"全食美：3小时 🕐🕐🕐

一口一个的小餐包，是小朋友最爱。

原料

面包体
高筋面粉200克
低筋面粉50克
酵母2.5克
细砂糖25克

盐2.5克
鸡蛋50克
牛奶110克
黄油25克

馅料
肉松馅50克
表面装饰
蛋液、芝麻各少许

分量

16个

烤制

175℃，下层，上下火，20分钟左右。

烘焙工具

20厘米方形烤盘、秤、羊毛刷、保鲜膜、硅油纸、打蛋盆、擀面棍。

准备工作

1 鸡蛋提前从冰箱取出回温。
2 黄油提前室温下软化至20℃。
3 面包烤制前，提前10分钟预热烤箱。

做法

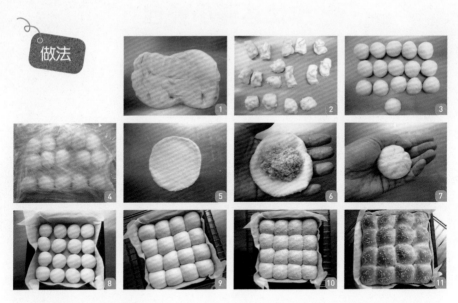

1　面包体原料中除黄油外揉至光滑，再加入软化的黄油揉至扩展阶段。发酵至两倍大取出。

2　将面团分成16份。

3　每个都滚圆。

4　盖上保鲜膜，静置10分钟。

5　将每个小剂子用擀面棍擀成圆饼形。

6　翻面后包入肉松。

7　收口。

8　依次排入放好硅油纸的20厘米方形烤盘中。

9　在相应的温度和湿度下，发酵至两倍大。

10　上面刷上蛋液，撒上芝麻。

11　将烤盘放在烤网上，烤箱175℃预热好后，放入烤箱下层烤20分钟左右上色即可。

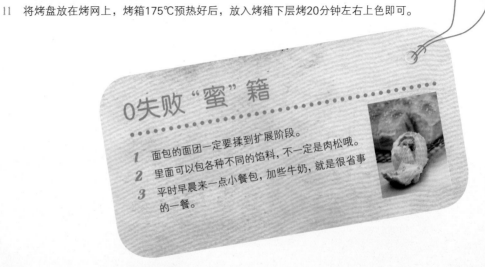

0失败"蜜"籍

1　面包的面团一定要揉到扩展阶段。

2　里面可以包各种不同的馅料，不一定是肉松哦。

3　平时早晨来一点小餐包，加些牛奶，就是很省事的一餐。

3

卡仕达酱小餐包

难易程度：中等 ★★★☆☆

"时"全食美：3个半小时 ⏱⏱⏱⏱

把做的饼干送给朋友吃，朋友说了一句回味无穷。可能只有自己制作的点心，才会有不一般的感受。就像这款小餐包，松软甜美，只有用心才做得到。

原料

面包体
高筋面粉200克
低筋面粉50克
鸡蛋60克

牛奶100克
酵母3克
细砂糖40克
盐2克

黄油30克
卡仕达酱
牛奶65克
黄油2.5克

高筋面粉13克
细砂糖15克
蛋黄13克

分量

6块左右

烤制

175℃，中下层，上下火，20分钟左右。

烘焙工具

打蛋盆、烤网、秤、羊毛刷、保鲜膜、长16厘米船形纸模、裱花袋、擀面棍、面粉筛。

准备工作

1 鸡蛋提前从冰箱取出回温。
2 黄油提前室温下软化至20℃。
3 面包烤制前，提前10分钟预热烤箱。

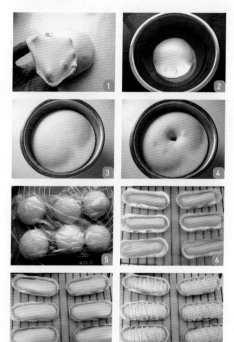

1 面包体原料除黄油外揉至光滑，再加入黄油揉至出膜。

2 放入容器中盖上保鲜膜发酵，温度一般是28℃，可以把容器放在有温水的小锅中比较容易。

3 发酵至两倍大。

4 手按下去，有一个小洞不会反弹即是发酵成功。

5 取出来将面团分成6份，一份大概是80克左右的小剂子，依次滚圆，小面团上面盖保鲜膜静置10分钟。

6 然后用擀面棍将小面团擀长，翻面后卷起放入船形纸模中。

7 在相应的温度和湿度中再次发酵至两倍大。

8 在面团上面挤上卡仕达酱，做法见第139页。烤箱175℃预热好后，将小纸模放在烤网上，并放入烤箱中下层，上下火烤20分钟左右。

0失败"蜜"籍

1 面包的制作比较重要的步骤一是搅拌，另外就是发酵。如果搅拌不够面包可能不会很松软。如果发酵不足面包也不会松软，发酵过度面包的组织烤出来也会相当差，不会好吃哦。

2 制作成功的卡仕达酱，一定要放凉后再使用。

3 因为面包的表面有卡仕达酱，颜色不会很深。所以烤的时间不要过长。

4

咖喱土豆餐包

- ◎ 难易程度：中等 ★★★☆☆
- ◎ "时"全食美：3个半小时 🕐🕐🕐🕐

同样的小餐包不会像蛋糕那么甜，但却适合作早餐。特别是这款加了咖喱的小餐包，更让人回味。

原料

面包体	盐2克	调味料
高筋面粉200克	细砂糖10克	咖喱粉6克
低筋面粉50克	**馅料**	椰浆少许
酵母2.5克	猪肉200克	生抽少许
鸡蛋50克	土豆1个	**表面装饰**
水100毫升	洋葱半个	蛋液少许
黄油25克		白芝麻少许

分量

8个

烤制

190℃，中层，上下火，13分钟左右。

烘焙工具

烤盘、秤、羊毛刷、保鲜膜、硅胶垫、擀面棍、蒸锅、炒锅。

准备工作

1. 鸡蛋提前从冰箱取出回温。
2. 黄油提前室温下软化至20℃。
3. 猪肉选择五花肉，去皮，切成肉末。
4. 洋葱清洗干净后切成碎粒。
5. 土豆蒸熟后，去皮捣成土豆泥。
6. 面包烤制前，提前10分钟预热烤箱。

做法

1. 锅中放油，倒入切碎的洋葱末。
2. 爆香后再倒入猪肉末。
3. 加入所有调味料。
4. 最后倒入土豆泥。
5. 翻炒均匀后制作成馅料，放凉后备用。

6 面包体原料除黄油外揉至光滑，再加入黄油揉至扩展阶段，发酵至两倍大。

7 将面团分成8份。

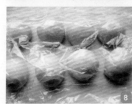
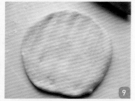

8 依次滚圆，盖上保鲜膜，静置15分钟。

9 取其中小剂子用擀面棍擀成圆饼形。

10 翻面后包入土豆馅。

11 整形成橄榄形。

12 面团刷上一层蛋液。

13 粘上白芝麻，放在有硅胶垫的烤盘上进行发酵。

14 在相应的湿度和湿度下，发酵至大一圈后，将烤盘放入预热到190℃的烤箱，中层，烤13分钟左右。

0失败"蜜"籍

1 咖喱馅在炒制的时候，最好尝一下味道，根据个人口味调整。

2 咖喱馅一定要放凉后再包。

3 这种馅料也可以用来包包子，也特别好吃。

4 这是一款早餐餐包，营养丰富，适合全家人享用。

5

胡萝卜餐包

◎ 难易程度：中等 ★★★☆☆

◎ "时"全食美：3个半小时 🕐🕐🕐🕐

 原料

面包体	细砂糖25克
高筋面粉200克	酵母2.5克
低筋面粉50克	黄油25克
鸡蛋50克	**表面装饰**
胡萝卜汁100克	蛋液少许
胡萝卜渣30克	黄油少许
盐2.5克	

分量

16个

烤制

175℃，中层，上下火，25分钟左右。

烘焙工具

八寸方形烤盘、秤、羊毛刷、保鲜膜、保鲜袋、硅油纸、烤网。

准备工作

1 鸡蛋提前从冰箱取出回温。

2 黄油提前室温下软化至20℃。

3 面包烤制前，提前10分钟预热烤箱。

利用胡萝卜做面包，可以让面包多些漂亮的色，而且胡萝卜是天然的保湿剂，可以让小餐包更松软。

 **做法**

1 面包体所有原料除黄油外倒入容器中，揉至光滑。

2 加入黄油，揉至扩展阶段。

3 放冰箱冷藏。

4 发酵至两倍大取出。（因冰箱温度不一样，时间自行调节）

5 八寸方形模具中放硅油纸。

6 面团分成16份。

7 每份分量均等。

8 依次滚圆。

9　滚圆后放入模具中。

10　盖上保鲜膜，在相应的温度和湿度下进行发酵。

11　发酵至模具八分满。

12　面团表面刷蛋液。

13　烤箱175℃预热好后，将烤盘放在烤网上，并放入烤箱中层，烤25分钟左右。

14　出炉后刷软化黄油，也可以不刷。从模具中取出放凉。

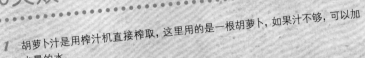

0失败"蜜"籍

1　胡萝卜汁是用榨汁机直接榨取，这里用的是一根胡萝卜，如果汁不够，可以加少量的水。

2　初次发酵用了冷藏发酵，再次发酵的温度是38℃。

6

玉米粒餐包

◎ 难易程度：中等 ★★★☆☆
◎ 时 全食美：3个半小时 🕐🕐🕐🕐

早餐的要义是让爱人吃得好，小朋友们也吃得开心，
而且最主要的就是有营养。
今天的小餐包里，加了玉米粒。
大家都知道玉米粒有丰富的营养，加少许的沙拉酱调
味不仅营养还美味。

原料

面包体

高筋面粉200克
低筋面粉50克
鸡蛋35克
水125毫升

盐2克
细砂糖15克
酵母2.5克
黄油15克

馅料

沙拉酱少许
甜玉米粒200克

表面装饰

蛋液少许
椰蓉少许

分量

9块左右

烤制

190℃，中层，上下火，10~12分钟。

烘焙工具

打蛋盆、烤盘、秤、羊毛刷、保鲜膜、硅油
纸、擀面棍、筷子。

准备工作

1 鸡蛋提前从冰箱取出回温。

2 黄油提前室温下软化至20℃。

3 面包烤制前，提前10分钟预热烤箱。

1　将除黄油外的面包体原料揉至光滑，再加入黄油揉至不容易破裂的薄膜状态。放在容器中发酵至两倍大。为了保湿，容器上面盖保鲜膜；为了方便取出面团，可在容器里抹少许油。

2　将发酵好的面团分成9份。

3　滚圆后盖上保鲜膜，静置15分钟。

4　准备内馅，将甜玉米粒沥干水分，加入沙拉酱。

5　搅拌均匀。

6　将小面团用擀面棍擀成圆饼形，翻面后包入玉米粒。包的时候，注意面团边缘不要碰到玉米，否则很难捏紧。

7　然后收拢捏紧。

8　放入有硅油纸的烤盘中。

9　放在湿度80%，温度38℃左右的环境中发酵至两倍大。

10　烤前，在面包表面刷上蛋液，并撒些椰蓉，用剪刀剪出几个小口子，再将烤箱190℃预热，将烤盘放入烤箱中层，烤10~12分钟取出。

0失败"蜜"籍

1　面包要揉至出膜，面团表面光滑。如果面还没揉好，就开始烤了，那口感肯定不一样了。

2　关于发酵，温度低的时候，用温水和面。温度高的时候用冰水和面。根据不同情况不同对待。

3　由于面粉的吸水性不同，用水量需酌情考虑。

7 奶油排包

○ 难易程度：中等 ★★★☆☆
○ "时"全食美：3个半小时 🕐🕐🕐🕐

……等配方里的水分都用牛奶和动物鲜奶油来代替，所以做出来的面包起发效果相当好。

原料

面包体

高筋面粉200克
低筋面粉50克
牛奶100克
动物鲜奶油75克

细砂糖30克
盐2克
酵母2.5克
表面装饰
蛋液少许

分量

8个

烤制

190℃，中层，上下火，15分钟左右。

烘焙工具

打蛋盆、烤盘、秤、羊毛刷、保鲜膜、八寸方形蛋糕盘、硅油纸、擀面棍。

准备工作

1　动物鲜奶油提前放置室温下。
2　面包烤制前，提前10分钟预热烤箱。

做法

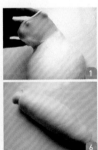
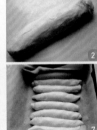
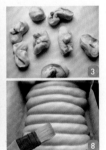

1　175克高筋面粉加100克牛奶、2.5克酵母先混合均匀发酵至两倍大，再加入面包体其他材料揉至扩展将近完全阶段。（这里是中种法，也可以用直接法，将所有材料糅合至扩展将近完全阶段，发酵至两倍大即可）

2　将面团搓成长条。

3　分成8份。

4　依次滚圆后，盖上保鲜膜，静置10分钟。

5　取其中一份面团用擀面棍擀长，再翻面后卷起。

6　卷好后，再醒5分钟。

7　将面团搓长，放入八寸方形模具中。（模具中放了硅油纸，这样可以不粘面包）

8　在相应的温度和湿度下，发酵至涨大后，刷上蛋液，即可进入预热好190℃的烤箱，将烤盘放在烤网上，并放入烤箱中层烤15分钟左右即可。

0失败"蜜"籍

1　因为面团里牛奶和动物鲜奶油比例较高，所以是非常松软的。

2　发酵的时候，注意不要发过了。

3　揉面的时候注意尽量揉至完全。

8

炸鸡三明治

◉ 难易程度：中等 ★★★★

◉ "时"全食美：3个半小时 ⏰⏰⏰⏰

有的早餐制作起来相当复杂，但这道有肉有菜、又有面包的早餐真是非常简单方便。所有的材料都可以提前准备好，一次回来组装即可哦。

原料

面包体　盐2.5克
高筋面粉200克　酵母2.5克
低筋面粉50克　黄油25克
细砂糖25克　水105毫升

鸡蛋50克　黄瓜片适量
配料　西红柿片适量
炸鸡排适量　沙拉酱少许
生菜少许　番茄酱少许

分量

6个

烤制

180℃，中层，上下火，15分钟左右。

烘焙工具

保鲜盒、烤网、秤、羊毛刷、保鲜膜、直径11厘米不粘汉堡模、长20厘米不粘热狗模、擀面棍。

准备工作

1　鸡蛋提前从冰箱取出回温。

2　黄油提前室温下软化至20℃。

3　面包烤制前，提前10分钟预热烤箱。

0失败"蜜"籍

1　不管是汉堡还是热狗，都可以这样操作。

2　如果用来作早餐的话，再加一杯牛奶，就是完美搭配。

3　这种三明治适合现组装现吃，如果先组装面包会容易吸湿，口感不好。

做法

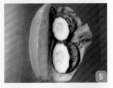

1　面包体原料除黄油外揉至光滑，加入黄油，面团揉至扩展后，放入保鲜盒中密封进行发酵。

2　发酵好的面团不能塌陷。

3　然后整形成3个汉堡坯（各80克左右），3个热狗坯（各100克左右），并放在汉堡模和热狗模上，在相应的温度和湿度下发酵至两倍大。

4　将汉堡模和热狗模放在烤网上，并放入预热好的烤箱180℃，中层，烤15分钟左右。

5　将面包放凉后再切开，不切断，依次放入生菜、西红柿片、黄瓜片。

6　再放上炸鸡排，挤上沙拉酱。

7　最后挤上番茄酱即可。

半小时就搞定的 司康 4款

司康的注意事项

司康是一款制作简单的小西点，只要半小时就能轻松搞定，而且味道超好，但制作时也有一些需要注意。

刮板来翻拌

制作司康要注意混合原料的时候不能用力揉，只能用刮板进行翻拌。
黄油块和面粉混合时，用刮板多切几次，或者用手动料理机也可以，呈现松散状的较好。

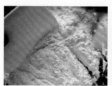

黄油要冷冻

黄油要事先切成小块后冷冻，再进行操作。因为冷冻后的黄油不会立即软化，做出来的司康才容易起层香酥。

搭配果酱味道好

刚制作出炉的司康，立即吃最好吃，特别松软。配上一杯牛奶，尤其是搭配果酱，味道就更棒了。

紫薯用来蒸着吃味道就很不错，如果加
入到司康中，那么味道一定不一般。

做法

1　过筛好的面粉放在案板上，放入切成块的黄油。
2　将黄油和面粉混合，用手掌搓碎黄油，看上去有些粗糙。
3　在面粉中间挖个洞，放入牛奶、细砂糖。
4　混合均匀。
5　加入紫薯粒。
6　混合均匀。
7　用保鲜膜整形成长方形，高度约1.5厘米。
8　用模具压成圆形，然后放到烤盘上。
9　在司康上面刷牛奶，烤箱180℃预热，放入中层烤25分钟左右。

0失败"蜜"籍

1　紫薯用蒸笼蒸20分钟左右即熟。
2　整形成长方形后，如果没有模具也可以用刀切成小长方形进行烤制，大小一致即可。

原料

司康主体	无铝泡打粉4克
低筋面粉100克	牛奶60克
高筋面粉25克	紫薯40克
细砂糖25克	**表面装饰**
黄油40克	牛奶少许

分量

7块

烤制

180℃，中层，上下火，25分钟左右。

烘焙工具

面粉筛、烤盘、秤、羊毛刷、保鲜膜、硅油纸（非必需）、擀面棍、刮板、切模。

准备工作

1　鸡蛋提前从冰箱取出回温。
2　无铝泡打粉、低筋面粉和高筋面粉混合过筛。
3　黄油提前室温下切成小块并冷冻。
4　紫薯去皮蒸熟，并切成小粒。
5　司康烤制前，提前10分钟预热烤箱。

2

葡萄干司康

- 难易程度：简单 ★☆☆☆☆
- "时"全食美：半小时

司康被称为是快速面包，制作起来非常简单，吃起来像是蛋糕，所以深得人们的喜爱。特别是它不是很甜，直接吃或搭配果酱来吃，风味都相当不错。它的特别口感来自于外表酥脆内心松软，有兴趣可以试试哦。

原料

葡萄干适量	盐1.5克	黄油50克
低筋面粉200克	细砂糖10克	鸡蛋50克
无铝泡打粉6克	动物鲜奶油100克	

分量

8块

烤制

190℃，中层，上下火，25分钟左右。

烘焙工具

打蛋盆、烤盘、秤、刮刀、刮板、擀面棍、面粉筛、刀。

准备工作

1 鸡蛋提前从冰箱取出回温。

2 黄油提前室温下切成小块并冷冻30分钟。

3 低筋面粉和无铝泡打粉混合过筛。

4 葡萄干提前用温水泡好。

5 司康烤制前，提前10分钟预热烤箱。

1　将冷冻后的黄油倒入面粉中。

2　用刮板切碎黄油，然后和面粉混合。

3　一直将黄油切成米粒状为好。

4　倒入鸡蛋、细砂糖、盐、动物鲜奶油。

5　用刮刀翻拌均匀。

6　混合成团。

7　倒入提前用温水泡过的葡萄干。（这一步可以在前面和面粉一起混合，葡萄干泡过，烤时不会发干）

8　将葡萄干均匀分布在面团中。（不要露在表面，否则会容易烤煳）

9　用擀面棍擀至1厘米左右厚度。（因为烤后还会膨胀）

10　用刀切成8块，放入烤盘，烤箱预热到190℃，烤25分钟左右。

0失败 "蜜" 籍

司康特别适合当作早餐。切成均等大小，这样烤时受热比较均匀。

3

奶酪司康

◉ 难易程度：中等　★★★☆☆

◉ "时"全食美：半小时 ◉

冬天的时候，最适合在家里做些小点心了。家里暖暖的，吃得好心情也满满的。其实不是所有的点心做起来都很麻烦，比如司康。半个多小时就可以做出一款，如果利用烤箱烤的时间再操作一个面团，那真是太方便了！

原料

司康体

低筋面粉100克
高筋面粉25克
黄油25克
奶酪15克
无铝泡打粉4克
牛奶60克
细砂糖25克

表面装饰

牛奶少许

分量

8个

烤制

180℃，中层，上下火，25分钟左右。

烘焙工具

打蛋盆、烤盘、秤、羊毛刷、保鲜膜、面粉筛、硅油纸、刀。

准备工作

1 黄油提前室温下切成小块并冷冻。

2 司康烤制前，提前10分钟预热烤箱。

做法

1 低筋面粉、高筋面粉和无铝泡打粉混合过筛，倒在案板上，放入黄油和奶酪。

2 将黄油、奶酪和面粉混合。

3 用手掌跟搓碎黄油、奶酪和面粉，看上去会非常粗糙。

4 在面粉中间挖个洞，放入牛奶、细砂糖。（牛奶看情况添加）

5 混合均匀，表面会看起来非常粗糙。

6 用保鲜膜整形成圆形。

7 擀成约2厘米厚度的饼形，并用刀切成8份。

8 放在垫有硅油纸的烤盘上，在司康表面刷牛奶，烤箱180℃预热，将烤盘放入烤箱中层，烤25分钟左右上色即可。

0失败"蜜"籍

1 黄油和面粉要充分融合。

2 混合的时候，不要过度。

3 表面刷牛奶或鸡蛋液都可以。

4 吃的时候配上果酱最佳。

4 蔓越莓司康

- ◎ 难易程度：简单　★☆☆☆☆
- ◎ "时"全食美：半小时 🕐

司康制作简单方便，但要制作得外酥内软，口感不硬，还是要折叠的时候注意不要出筋才好。制作好的司康烤后膨胀会比较高，膨胀越高就越松软。

原料

蔓越莓20克	动物鲜奶油120克
低筋面粉150克	无铝泡打粉4克
黄油30克	盐1克
细砂糖10克	

分量

10个

烤制

200℃，中层，上下火，18分钟左右。

烘焙工具

刮板、烤盘、秤、羊毛刷、切模、面粉筛、保鲜袋、擀面棍。

准备工作

1　动物鲜奶油提前从冰箱取出回温。

2　低筋面粉和无铝泡打粉过筛备用。

3　黄油提前室温下切块并放冰箱冷冻。

4　司康烤制前，提前10分钟预热烤箱。

做法

1　低筋面粉、无铝泡打粉先过筛，再加入细砂糖、盐，混合均匀。

2　倒入切块冷藏的黄油。

3　用刮板切碎黄油粒，并和面粉混合均匀。

4　倒入动物鲜奶油。

5　再进行切拌。不要揉，那样会容易出筋。

6　动物鲜奶油的量应以能混合成团为标准。

7　再倒入切碎的蔓越莓，切碎后会更容易混入面团中，也是要用按压的方式，不要揉。

8　最后擀成长方形面团，注意表面不要有太多蔓越莓，不然烤时会将蔓越莓烤干。

9　用保鲜袋包好放冰箱冷藏1小时，冷藏是为了让面粉和液体能更好地融合。

10　再用直径5~6厘米的切模压出形状。厚度约1.6厘米。

11　成品约10个。

12　烤箱200℃预热，中层烤18分钟左右，表面上色即可。

0失败"蜜"籍

1　司康好吃，黄油和无铝泡打粉的加入功不可没。

2　一层一层地按压，可以让烤出来的司康层次分明。表皮可烤的稍焦一点，这样才会外脆内软。如果一次吃不完，剩下的司康可以用烤箱150℃烤几分钟，这样会恢复松软，或者用微波炉转十几秒也可。

3　蔓越莓提前用朗姆酒浸泡味道更好。

形状各异 造型面包 7 款

面包发酵箱的制作

　　大家都知道，对于面包来说发酵是非常关键的。有时因为天气过冷或过干，发酵往往达不到要求。

　　这时，我们可以利用身边的工具来制作一个简易的发酵箱。

需要准备的工具有

泡沫箱1个（比烤盘要大一点、高一点）

灯泡2个（40瓦的，这样升温快）

灯泡插座2个（就是把灯泡安在上面的）

电源插头2个（就是给灯泡通电用的）

温度控制器1个（要有三根线，一根通灯泡，一根通探头，一根插电源，温差要有我们发酵面团用到的28℃和38℃）

电线少许

钳子1个（用来给泡沫箱开小洞或剪电线）

胶带少许（把电线和温控器绑在泡沫箱上，就不会到处跑了）

有温水的杯子3~4个（在泡沫箱旁边安放）

主要制作见下图。温控器一定要买带三根线的。因为到了温度，温控器会自动关闭。没到温度，又会带动灯泡继续升温。测量发酵箱温度，第一次可以用温度计，记下温度，以后就不用了。

1　将灯泡安装在泡沫箱内的两头。

2　温控器安在泡沫箱外的一端。

3　温控器的三根线，配有插座。

4　温控器插座插入灯泡的两个插头。

5　将电源线通上。

6　这时灯泡会发亮，在泡沫箱里面放入温度计。

7　在泡沫箱顶盖上塑料袋，可以有利于在外面观察内部情况。

8　再压上泡沫盖。

9　最后通过旋转温度旋钮调节温度。

因为灯泡在上方，而其中一根线中的探头在下方。所以当探头测到34℃的时候，面团的实际温度可以达到38℃。

发酵有时是两盘一起发酵。在最下面的烤盘上安一个蛋糕倒扣架，上面还可以放一个烤盘。发酵的时候，记得放一些杯子，杯子里面放些温水。我一般用三个杯子的温水。

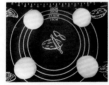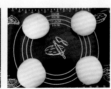

在上面的面团发酵的稍快，可以先烤。下面的发酵稍慢，可后烤，不会有所耽误。

这套装置的缺点是灯泡老是一亮一亮的。温度到了就不亮，温度不到就会亮。所以一定要选质量比较好的灯泡。另外灯泡在这里的作用是发热，要用白炽灯泡。这里用的是40瓦的白炽灯泡。

这里只是关于面包发酵的温度，还有一个湿度，建议你选择温湿度控制器，和一个加湿器，这样就能更好地解决面包发酵问题。

1

葱花面包

◉ 难易程度：中等　★★★☆☆

◉ "时"全食美：3个半小时 🕐🕐🕐🕐

葱香味的面包，总是能受到欢迎。这款小面包做成花朵形状，吃起来就觉得更有滋味了。

原料

面包体	盐2.5克	鸡蛋50克	黄油5克
高筋面粉200克	酵母2.5克	**馅料**	鸡蛋5克
低筋面粉50克	黄油25克	葱花10克	**表面装饰**
细砂糖 25克	水105毫升左右	盐0.5克	蛋液少许

分量

8个

烤制

175℃，中层，上下火，18分钟左右。

烘焙工具

打蛋盆、烤盘、秤、羊毛刷、擀面棍、保鲜膜。

准备工作

1　鸡蛋提前从冰箱取出回温。

2　黄油提前室温下软化至20℃。

3　面包烤制前，提前10分钟预热烤箱。

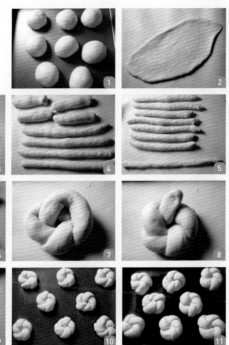

1　所有面包体原料除黄油外揉至光滑，再加入软化的黄油揉至扩展阶段。盖上盖发酵至两倍大。再将面团分成八份。

2　取其中一份，擀长。

3　翻面后，顺长边卷起。

4　用手搓长。

5　搓至30厘米左右长度，不要短于30厘米。如果一次不好搓，可分次搓长。

6　从中打个结，一边长一边短的结。

7　将长边从下面往结中间穿过。

8　再将长边结头抽上来。

9　和另一个短边结头结合即可。

10　将面包排在烤盘上。

11　相应的温度和湿度下，发酵至两倍大。

12　准备葱花馅，将馅料的所有材料混合均匀即可。

13　再在发酵好的面团抹蛋液。

14　并在面团中间，撒上葱花馅，烤箱175℃预热，将烤盘放入烤箱中层，烤18分钟左右。

0失败"蜜"籍

1　所谓相应的温度和湿度就是指的温度是38℃，湿度是80%左右。

2　这款小面包稍有些咸口，很适合做早餐哦。

2

甜甜圈

◎ 难易程度：中等 ★ ★ ★ ☆ ☆

◎ "时"全食美：3个半小时 🕐🕐🕐🕐

原料

面包体	盐3克	水120毫升
高筋面粉200克	酵母5克	**表面装饰**
低筋面粉50克	黄油20克	糖粉少许
细砂糖35克	鸡蛋30克	

分量

8个

炸制

180℃，每个1~2分钟。

烘焙工具

打蛋盆、烤盘、秤、油纸、小锅、甜甜圈模。

准备工作

1 鸡蛋提前从冰箱取出回温。

2 黄油提前室温下软化至20℃。

很多人将甜甜圈和贝果混淆，但这两种的确是不同的食物。它们只是外形相似，但本质不同哦。

做法

 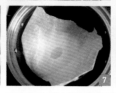 

1 所有面包体材料除黄油外揉至光滑，加入软化的黄油，揉至出膜。

2 将面团放入打蛋盆中盖上盖，发酵至两倍大。

3 将面团取出来松弛后，擀成大片。

4 用甜甜圈模压出形状。

5 烤盘上面放硅油纸，将压好后的甜甜圈放在烤盘上。

6 在相应的温度和湿度下，再次发酵至两倍大。

7 因为这里甜甜圈下面放的是油纸，所以，炸的时候，把油纸一起放入。油纸遇到油自然会掉下来了。

8 油温大概是180℃左右，一个炸1~2分钟。正反面都要炸好。炸好后，放凉，撒上糖粉，就可以开吃啦。

0失败"蜜"籍

1 如果没有模具，可以用手整形成圆圈形。

2 如果想轻松地把甜甜圈从烤盘上取出来，还有一种方法，就是多撒些高筋面粉，这样不容易粘。但我觉得放油纸会更省事些。

3 炸的温度一定要掌握好。最好准备一个温度计，到了180℃就不能再加火了，否则甜甜圈容易煳，而且里面也会不熟。

4 炸好的甜甜圈，放凉后，表面撒糖粉是最简单的一种方法。表面你也可以用巧克力装饰，就是巧克力甜甜圈。

葡萄干花形面包

◎ 难易程度：中等 ★★★☆☆
◎ "时"全食美：3个半小时 ●●●●

⚬ 0失败"蜜"籍

1 这里用的是葡萄干，也可以用蔓越莓等。

2 纸杯用的是下底8厘米，上部9厘米，高3厘米的。

单调一种花样的面包是不是看腻了？这次换个花样，虽然方子一样，材料一样，可是家人朋友吃的心情可不一样哦。

做法

原料

面包体	黄油25克
高筋面粉200克	**馅料**
低筋面粉50克	朗姆酒泡葡萄
酵母2.5克	干少许
鸡蛋50克	**表面装饰**
水100毫升	白芝麻、蛋液
细砂糖25克	各少许
盐2克	

1 所有面包体原料除黄油外揉至光滑，再加入软化的黄油揉至扩展阶段，放入打蛋盆并盖上盖，发酵至两倍大。取出来后将面团分成36份。

2 取其中一份用擀面棍擀成圆饼形。

3 翻面后包入葡萄干。

4 包好后收口。

5 将面包沾上蛋液。

6 再沾上白芝麻。

7 每6个装入蛋糕纸模中。

8 在相应的温度和湿度下，面团发酵至大一圈后，烤箱190℃预热，将小纸模放在烤网上，并放入烤箱中层，烤15分钟左右。

分量

6个

烤制

190℃，中层，上下火，15分钟左右。

烘焙工具

打蛋盆、秤、保鲜膜、擀面棍、直径10厘米纸模、烤网。

准备工作

1 鸡蛋提前从冰箱取出回温。

2 黄油提前室温下软化至20℃。

3 面包烤制前，提前10分钟预热烤箱。

4 螺旋奶油面包卷

◎ 难易程度 易学

◎ 金育美 ◎ 半小时 ⏰⏰⏰⏰

经过制作这款面包发现，原来大部分人还是喜欢将奶油夹在面包里吃。有了这样一个小模具，这个愿望就可以轻松实现。如果没有模具的话，可以将面包做好后，切一半，夹入奶油馅。

原料

面包体	鸡蛋50克	盐2.5克	馅料	表面装饰
高筋面粉200克	水100毫升左右	细砂糖25克	打发好的动物	蛋液少许
低筋面粉50克	酵母2.5克	黄油25克	鲜奶油100克	

擀面棍、螺管、电动打蛋器、裱花嘴、裱花袋。

分量

10个

烤制

190℃，中层，上下火，12分钟左右。

烘焙工具

打蛋盆、烤盘、秤、羊毛刷、保鲜膜、

准备工作

1　鸡蛋提前从冰箱取出回温。

2　黄油提前室温下软化至20℃。

3　面包烤制前，提前10分钟预热烤箱。

做法

1　所有面包体原料除黄油外揉至光滑，再加入黄油揉至扩展阶段。将面团放入打蛋盆，盖上盖，并发酵至两倍大，然后取出分成10份。

2　将每个小剂子滚圆后，盖上保鲜膜醒10分钟。

3　将小剂子用擀面棍擀长。

4　翻面后卷起，再醒一会儿。

5　再继续搓长，大约是40厘米。

6　模具上涂油。

7　取一个面长条从模具一端开始卷起。

8　卷好后的样子。

9　放入烤盘中，开始发酵，注意保持温度和湿度。

10　发酵好后，用毛刷在面包表面刷上蛋液，放入预热190℃的烤箱，中层，烤12分钟左右。

11　烤好后，冷却，装入奶油馅即可。

0失败"蜜"籍

1　面团一次是不可能搓很长的，所以适当地醒一会儿，比较好搓长。

2　动物鲜奶油是用动物鲜奶油加奶油分量的10%细砂糖打发而成。

5 香葱芝麻面包卷

◎ 难易程度：中等 ★★★☆☆

◎ "时"全食美：3个半小时 ●●●○

加了火腿的面包深得朋友们的喜爱。特别是翻转成花形，看上去全是满满的火腿。

原料

面包体
高筋面粉200克
低筋面粉50克
鸡蛋50克

水100毫升
黄油25克
细砂糖20克
盐2克

酵母2.5克
表面装饰
火腿肠6根
芝麻少许

香葱少许
蛋液少许

分量

6个

烤制

190℃，中层，上下火，
12~15分钟。

烘焙工具

打蛋盆、烤盘、秤、羊毛
刷、保鲜膜、擀面棍。

准备工作

1 鸡蛋提前从冰箱取出

回温。

2 黄油提前室温下软化至
20℃。

3 面包烤制前，提前10分
钟预热烤箱。

做法

1 所有面包体原料除黄油外揉至光滑，
再加入软化的黄油揉至扩展阶段，将
面团放入打蛋盆，并盖上盖，发酵至
两倍大。

2 然后取出面团分成6份，并滚圆。盖上
保鲜膜，醒10分钟。

3 取其中一份用擀面棍擀长。

4 翻面后包入火腿肠。

5 包好后，收口处捏紧。

6 在面团上面用剪刀剪出七刀。

7 扭转整形成花形。具体方法是，面团
头部第一个切口处火腿面向上，往左
拐，再把第二个切口处往右拐。一左
一右，依次整形。其他小面包同样操作。

8 在相应的温度和湿度下发酵好后，面
团上面刷蛋液，撒芝麻和香葱。烤箱
190℃预热，将烤盘放入烤箱中层，烤
12~15分钟。

0失败"蜜"籍

1 糖量决定面包上色的时间，所以根据自己需要放糖。

2 火腿在烤前最好在上面刷点水，烤的时候不容易干。

3 同样的道理，香葱也是清洗后切末就撒上，不要风干了，不然烤的时候会容
易煳。

6

芝士花形面包

- 难易程度：中等 ★★★☆☆
- "时"全食美：3个半小时 🕐🕐🕐🕐

汤种法就是先用一小部分面粉加入五倍的水，加热到65℃，搅拌成糊状。面团加入糊化后的面糊，会更加松软。因为汤种是放冰箱冷藏，在制作面团的时候放入，使面团不会因为气温过高，而使搅拌温度也升高。

原料

汤种

水100毫升加高筋面粉20克（用微波炉转30秒钟左右成有纹路的面糊即是汤种。做成后大概是110克，放一晚上备用）

面包体

高筋面粉180克

低筋面粉50克

鸡蛋45克

汤种110克

盐2克

细砂糖25克

酵母2.2克

黄油20克

馅料

柠檬皮屑2克

奶油奶酪150克

细砂糖30克

表面装饰

蛋液少许

黑芝麻少许

分量

8个

烤制

180℃，中层，上下火，15~18分钟。

烘焙工具

打蛋盆、烤盘、秤、羊毛刷、保鲜膜、硅胶垫、手动打蛋器、擀面棍、剪刀。

准备工作

1　鸡蛋提前从冰箱取出回温。

2　黄油提前室温下软化至20℃。

3　面包烤制前，提前10分钟预热烤箱。

做法

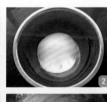

1　所有面包体材料除黄油外加上汤种揉至出筋后，加入软化的黄油搅拌至出小片的薄膜。

2　放入无油无水的容器中发酵。

3　发酵至两倍大。

4　如果你看到的面团用手轻轻触摸，不会轻易反弹，那么这时就是发酵适度。

5　在面团发酵的过程中，我们可以制作奶油奶酪馅。取出奶油奶酪加入细砂糖隔温水软化。

6　再加入柠檬皮屑搅拌均匀，放冰箱冷藏至硬备用。

7　面团发酵好后，取出来，分成8份。盖保鲜膜醒10分钟。

8   取其中一份擀圆。

9   翻面后包入柠檬奶酪馅。（要把平整的一面露在外面，这样烤出来才光滑）

10 收口处一定要收好。要想收好口，四周一定得注意不要沾上柠檬奶酪馅了。

11 再稍压压扁。

12 用剪刀剪出六刀或八刀。要想剪得均匀，要对着剪的。先在面团的中心位置左右各剪一刀，然后再对称着剪就好了。

13 剪好的面团在相应的温度和湿度下，进行二次发酵，一般是38℃左右发酵30分钟。

14 在面团上面涂均匀的蛋液，一定要涂均匀，不然表面出来就是大花脸了。

15 用擀面棍的圆头沾些水，再沾上黑芝麻，按在面包坯子中间，烤箱180℃预热，将烤盘放入烤箱中层烤15~18分钟。

0失败"蜜"籍

1   面包的薄膜，就是你用手撑开，不会破裂，然后会有小片的薄膜。如果很容易破裂，那么还要揉。

2   这种小面包，也可以包成豆沙馅的。

3   花瓣越多，发酵越容易走形。所以一般控制在六瓣或八瓣就可以了。

杏仁面包棒

7

- ◉ 难易程度：中等 ★★★☆☆
- ◉ "时"全食美：3个半小时 ⏱⏱⏱⏱

这种内涵丰富的面包，一咬下去就是满口的坚果，你有试过吗？
也尝尝吧，好吃不停口！

原料

面包体

高筋面粉200克	细砂糖15克	温水145毫升
低筋面粉25克	盐4克	黄油15克
	酵母2克	杏仁50克

表面装饰

蜂蜜少许
糖粉少许

分量

16根

烤制

170℃，中层，上下火，20分钟左右。

烘焙工具

打蛋盆、烤盘、秤、羊毛刷、保鲜膜、锡纸、擀面棍、筛子。

准备工作

1 鸡蛋提前从冰箱取出回温。

2 黄油提前室温下软化至20℃。

3 杏仁切碎粒备用。

4 点心烤制前，提前10分钟预热烤箱。

1 酵母加入温水倒入高筋面粉、低筋面粉、细砂糖和盐中。

2 搅拌均匀。

3 揉至光滑后，加入软化的黄油，再揉至出膜。

4 将杏仁碎粒倒入面团中，混合均匀，放入打蛋盆中，盖上盖并发酵至两倍大。

5 取出面团后，用擀面棍擀成长方形面片。

6 用刀切成16份。

7 排放入铺有锡纸的烤盘中，在相应的温度和湿度下，进行二次发酵。

8 面包条发酵至两倍大后，烤箱170℃预热，将烤盘放入烤箱中层烤20分钟。

9 烤好后，在面包条表面刷蜂蜜，撒糖粉。

10 看看内部，很多杏仁哦。

0失败"蜜"籍

1 这个面团比普通吐司面团要稍硬些。

2 烤的时候，将外部烤至上深色才会脆。

3 每条大小要基本一样，烤的时候才会均匀上色。

4 锡纸不放入烤盘也行，这款面包不会粘烤盘。

5 本书中提的杏仁即巴旦木。

配料丰富 有料面包 7款

五花八门的面包配料

普通的面包味道单一，如果加上其他配料立即会丰富许多。下面介绍几款常用馅料。

⚓单纯的甜味配料

单纯的甜味馅料，比如椰蓉馅、豆沙馅、菠萝馅。只是单一品种，味道更为突出。

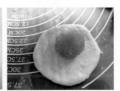

⚓二合一的甜味配料

有的面包配料口感上就更丰富一点，比如花生加奶油，蔓越莓加奶酪，双重口感，双重享受！

⚓丰富多彩的咸味配料

咸味配料有的是作为夹馅使用，有的是淋在面包表层，但不管是哪种，都为大家做餐包带来另一种选择。

1

这款面包最好吃的就是上面的夹心，让原本很普通的面包有了很浓郁的味道。

花生面包

◉ 难易程度：中等 ★★★☆☆
◉ "时"全食美：3个半小时 🕐🕐🕐🕐

原料

面包体
高筋面粉200克
低筋面粉50克
鸡蛋50克
水105毫升左右
细砂糖25克
盐2.5克
黄油25克
酵母2.5克

馅料
花生100克
黄油90克
糖粉10克

分量
8个

烤制
175 ℃，中层，上下火，18分钟左右。

烘焙工具
打蛋盆、烤盘、秤、保鲜膜、擀面棍、烤网、电动打蛋器、裱花嘴、裱花袋、料理机。

准备工作

1 鸡蛋提前从冰箱取出回温。

2 黄油提前室温软化至20℃。

3 面包烤制前，提前10分钟预热烤箱。

做法

1 将面包体原料中所有材料除黄油外揉至光滑，再加入软化的黄油，揉至扩展阶段。将面团放入打蛋盆，并盖上盖，发酵至两倍大。再将面团分成八份。

2 将小面团分别滚圆，盖上保鲜膜，静置10分钟。

3 取其中一份用擀面棍擀长。

4 翻面后从长边卷起。

5 每个依次卷好，排放在烤盘上。

6 在相应的温度和湿度下，醒发至两倍大。

7 然后用剪刀在每个小面团上剪六刀。

8　烤箱175℃预热好后，将烤盘放入烤箱中层烤18分钟左右。

9　烤好的面包，放烤网上放凉。

10　下面制作馅料，黄油90克用电动打蛋器打发，加入10克糖粉，变成奶油霜。

11　烤箱150℃预热，将花生放中层烤10分钟左右至熟。

12　将熟花生用料理机搅拌成花生粉。

13　取一个面包，用刀从中间切开，但不切断。

14　然后抹奶油霜，并夹花生粉。

15　将少许奶油霜装入裱花袋中，用花嘴在面包表面挤出奶油花。

16　最后再撒点花生粉装饰。

0失败"蜜"籍

1　磨花生粉的花生去皮或不去皮均可。

2　如果发现花生在磨的过程中会出油，加少许细砂糖一起磨可抑制出油。

2 火腿沙拉面包

◎ 难易程度：中等 ★★★☆☆

◎ "时"全食美：3个半小时 ⏰⏰⏰⏰

小餐包虽然不是很特别，但是加了沙拉酱后，人人都会很喜欢。

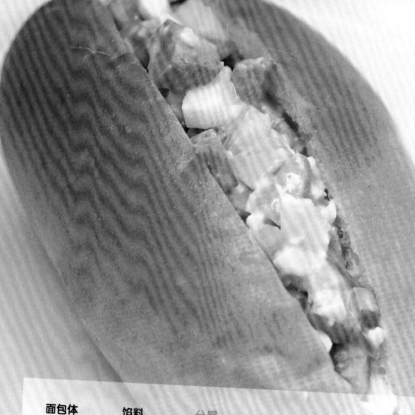

原料

面包体
高筋面粉200克
低筋面粉50克
鸡蛋液48克
水110毫升
黄油20克
细砂糖25克
盐2.5克
酵母2.5克

馅料
火腿1根
胡萝卜1根
黄瓜半根
沙拉酱少许
鸡蛋1个

表面装饰
蛋液少许

分量
8个

烤制
180℃，中层，上下火，15~18分钟。

烘焙工具
打蛋盆、烤盘、秤、羊毛刷、保鲜膜、擀面棍、刀、案板、筷子。

准备工作

1 鸡蛋提前从冰箱取出回温。

2 黄油提前室温下软化至20℃。

3 面包烤制前，提前10分钟预热烤箱。

4 蔬菜提前清洗，鸡蛋煮熟备用。

做法

1　面包体中所有材料除黄油外揉至光滑，加入软化的黄油揉至出薄膜，但不轻易破裂。

2　放入一个容器中盖盖发酵。

3　发酵至两倍大。

4　用手指按下不会轻易反弹。

5　将面团取出来分成8份，并滚圆，盖保鲜膜醒10分钟。

6　取其中一份用擀面棍擀长。

7　再翻面后整形成椭圆形。

8　放在烤盘上，在相应的温度和湿度下，发酵至两倍大，面团上面刷蛋液，烤箱180℃
　　预热，将烤盘放入烤箱中层烤15~18分钟。取出放凉。

9　火腿肠、胡萝卜和黄瓜分别切成四个长条。

10　再切丁。

11　鸡蛋煮熟后切丁。

12　加入沙拉酱搅拌均匀，在切开口的小面包中间夹入即可。

0失败"蜜"籍

1　椭圆形尽量收口捏紧，不然烤时会胀开。

2　再加些青豆、玉米粒会更好吃。

3 豆沙菠萝包

◎ 难易程度：中等 ★★★☆☆
◎ "时"全食美：3个半小时 ⏱⏱⏱⏱

面包做来做去，其实最爱的还是菠萝面包，外皮非常酥脆，
内心又松软可口。

原料

面包体
高筋面粉250克
细砂糖20克
盐1克
酵母3.6克
水125~130毫升

鸡蛋25克
黄油15克
菠萝皮
低筋面粉100克
细砂糖50克
鸡蛋液30克

黄油60克
馅料
豆沙200克
表面装饰
蛋液少许

分量

10个

烤制

180℃，中层，上下火，15分钟左右。

烘焙工具

打蛋盆、烤盘、秤、羊毛刷、保鲜膜、擀面棍、菠萝印、硅胶垫。

准备工作

1 鸡蛋提前从冰箱取出回温。
2 黄油提前室温下软化至20℃。
3 面包烤制前，提前10分钟预热烤箱。

做法

1　菠萝皮的所有原料放在容器中。

2　直接用手按压成长条，放在冰箱里备用。

3　面包体的所有原料除黄油外揉光滑，再加入软化的黄油揉出薄膜后，直接分成10份，每份40克左右。（不用发酵）

4　菠萝皮也从冰箱取出分成10份，每份22克左右。

5　取其中一份面团用擀面棍擀成圆饼形。

6　翻面后，取20克豆沙包入。（豆沙根据个人口味来放）

7　包好后的样子。

8　取一份菠萝皮用手掌心按圆。

9　将面团盖在菠萝皮上。

10　用手的力量将菠萝皮完全粘满面团。

11　菠萝皮上面用菠萝印盖上印（也可以用刮刀切出纹路），其他面团依次操作。

12　烤盘分两盘，在烤盘上放硅胶垫，一烤盘分别放5个菠萝包，在30℃室温下发酵1小时（天气热的话就比较容易发酵）。面团表面刷蛋液，烤箱180℃预热，将烤盘放入烤箱中层烤15分钟。

0失败"蜜"籍

1　菠萝皮的松软程度用手一按就有一个印子最好，这样容易包住面团。菠萝皮如果有些湿，手上沾些面粉就可以防粘。

2　夏天时非常适合做菠萝包。因为菠萝包最大的问题就是表面的菠萝皮在发酵的时候容易开裂走样，而夏天温度比较高，直接室温下发酵不容易走样。

3　面团不一定要揉出很大的薄膜。

4　这个面包用的是一次发酵。大概2小时就搞定了。

红豆多拿滋

难易程度：中等 ★★★☆☆

◎ "时"全食美：3个半小时 🕐🕐🕐🕐

这种油炸面包的口感比普通烤面包要好吃得多，而且因为表面沾了糖粉，所以吃起来并不油腻，比外面卖的好吃多了。

原料

面包体

高筋面粉200克
低筋面粉50克
鸡蛋50克
牛奶125克左右
细砂糖25克
盐2.5克
黄油25克
酵母2.5克

馅料

红豆沙270克

表面装饰

糖粉少许

分量

9个

炸制

180℃，每个约4分钟。

烘焙工具

打蛋盆、烤盘、秤、保鲜膜、硅油纸、小锅。

准备工作

1 鸡蛋提前从冰箱取出回温。

2 黄油提前室温下软化至20℃。

做法

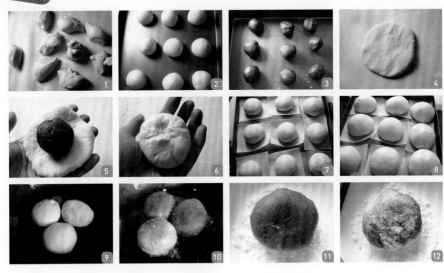

1 将面包体原料中所有材料除黄油外揉
  至光滑，再加入软化的黄油，揉至扩
  展阶段。放在容器中，盖上盖，发酵
  至两倍大。取出面团分成9份。

2 依次滚圆，盖上保鲜膜静置10分钟。

3 红豆沙也同样分成9份，搓成圆形。

4 取其中一份面团用擀面棍擀成圆饼形。

5 将面团翻面后包入豆沙馅。

6 收口。

7 将硅油纸剪成小方块，将面团放在硅

油纸上。

8 放在适合的温度和湿度的环境中，发
  酵至大一圈。

9 油锅温度180℃左右，将发酵好的面团
  放入，正面炸2分钟。

10 再反面炸2分钟。

11 把炸好的面包放凉，再沾上糖粉。

12 正反面都沾上糖粉。如果不太喜欢吃
  甜，糖粉可少沾一点。

0失败"蜜"籍

1 油锅的温度是关键，如果油温过低，面团内部会不
  熟。如果油温过高，面团的表面极容易煳。

2 这个面包适合现做现吃。

5

三明治

◎ 难易程度：中等　★★★☆☆
◎ "时"全食美：3个半小时 🕐🕐🕐🕐

三明治是一款深得大众喜欢的早餐，方便快捷。
只要准备好面包，里面可以夹火腿、鸡蛋、奶酪片、酸黄瓜、生
菜，甚至茄子都可以夹。

原料

面包体
高筋面粉200克
低筋面粉50克
细砂糖15克
盐2克
酵母2.5克

鸡蛋1个
水120毫升左右
黄油25克
馅料
黄瓜1根
西红柿1个

奶酪片3个
鸡蛋3个
沙拉酱少许
生菜少许
表面装饰
蛋液少许

分量

7个

烤制

190℃，中层，上下火，10~12分钟。

烘焙工具

打蛋盆、烤盘、秤、羊毛刷、保鲜袋、烤网、擀面棍、硅胶垫、刀、案板。

准备工作

1　鸡蛋提前从冰箱取出回温。
2　黄油提前室温下软化至20℃。
3　鸡蛋煮熟后切片备用。
4　生菜、黄瓜、西红柿清洗干净。黄瓜和西红柿切片备用。
5　面包烤制前，提前10分钟预热烤箱。

1　所有面包体原料除黄油外揉至光滑，然后加入软化的黄油揉至出不容易破的薄膜。放入打蛋盆，盖上保鲜膜发酵至两倍大。

2　将面团取出分成相等的7份，每份约65克。

3　依次滚圆后盖上保鲜膜，静置15分钟。

4　将小面团用擀面棍擀长。

5　翻面后将两边向中间折。

6　再卷起，并将收口捏紧。

7　放入烤盘中，其他依次操作。

8   在面包表面涂蛋液。

9   用剪刀剪6刀。

10   长度大约是13.5厘米，发酵后长15厘米。

11   烤箱190℃预热，将烤盘放入烤箱中层，烤10~12分钟，烤好后，放在烤网上放凉。
     然后装入保鲜袋中。

12   次日早晨组装，将面包从侧面中间切开。

13   先抹上沙拉酱。

14   放上生菜。

15   放上切片西红柿。

16   再放上黄瓜，如果有酸黄瓜更好。

17   放入煮好的鸡蛋片。

18   再挤上沙拉酱即是鸡蛋三明治。

19   最后一步不放鸡蛋，放奶酪片，挤上沙拉酱即是奶酪三明治。

0失败"蜜"籍

1   面包烤的时间不要过长。时间太长，会容易水分流失。

2   如果天气比较冷，就用温水和面。如果是夏天就用冷水和面。

3   这个早点方便快捷，也很受到小朋友的喜爱。

蔓越莓奶酥面包

◎ 难易程度：中等 ★★★☆☆

◎ "时"全食美：3个半小时 🕐🕐🕐🕐

0失败"蜜"籍

1 奶酥馅一定要提前做好，才容易包。

2 如果没有蔓越莓，可以用葡萄干，也一样好吃。

做法

6

馅料里加了多多的黄油和蔓越莓，奶粉也是超足的，所以味道非常好。

原料

面包体	馅料
高筋面粉200克	糖粉30克
低筋面粉50克	黄油70克
细砂糖25克	蛋液25克
盐2.5克	奶粉80克
酵母2.5克	蔓越莓36克
黄油25克	**表面装饰**
鸡蛋48克	蛋液少许
水110毫升	白芝麻少许

1 先制作馅料，黄油软化后加入糖粉搅拌均匀。

2 分次加入室温的蛋液。

3 再加入奶粉搅拌均匀，这个就是奶酥馅。

4 加入切碎的蔓越莓干就是蔓越莓奶酥馅。

5 搅拌均匀，放冰箱冷藏室30分钟变硬，然后分成10等份就好操作了。

6 面包体原料除黄油外揉至光滑，再加入软化的黄油揉至扩展阶段。放入容器中，盖盖，发酵至两倍大。取出面团分成10份。将每个小面团分别滚圆，盖上保鲜膜静置10分钟。取其中一份擀成圆饼形，并翻面后包入馅料。

7 包好，收口。其他依次操作，排放在烤盘上。

8 放在相应的温度和湿度下，发酵至两倍大，面团刷蛋液，撒白芝麻。烤箱180℃预热，将烤盘放入烤箱中层烤15~18分钟即可。

分量

10个

烤制

180℃，中层，上下火，15~18分钟。

烘焙工具

打蛋盆、烤盘、秤、羊毛刷、保鲜膜、擀面棍、手动打蛋器、刮刀。

准备工作

1 鸡蛋提前从冰箱取出回温。

2 黄油提前室温下软化至20℃。

3 面包烤制前，提前10分钟预热烤箱。

7

椰蓉面包

- 难易程度：中等 ★★★☆☆
- "时"全食美：3个半小时 🕐🕐🕐🕐

曾经为了吃到这个面包，从城南跑到城北。如今自己制作这款椰蓉面包的时候，从心底里想，再也不用为这个面包倒处跑啦，想吃自己就可以做。

原料

面包体
高筋面粉200克
低筋面粉50克
细砂糖40克

盐2克
酵母4克
牛奶160克
黄油25克

馅料
鸡蛋35克
黄油40克
细砂糖50克

牛奶15克
椰蓉70克
表面装饰
蛋液少许

分量
10个
烤制
175℃，中下层，上下火，20分钟左右。
烘焙工具
打蛋盆、烤网、秤、羊毛刷、保鲜膜、擀面棍、直径10厘米纸模。

准备工作
1. 鸡蛋提前从冰箱取出回温。
2. 黄油提前室温下软化至20℃。
3. 馅料中的黄油融化成液体。
4. 馅料中的材料混合均匀备用。
5. 面包烤制前，提前10分钟预热烤箱。

做法

1　面包体原料除黄油外揉至光滑，加入软化的黄油揉至出膜，放入打蛋盆中，盖上盖，发酵至两倍大，取出分成10份滚圆备用。馅料的材料混合均匀后分成10份的小剂子。

2　取其中的面团擀成圆饼形，翻面后，包入椰蓉馅。

3　包好后收紧口，并按扁。

4　用擀面棍擀长。

5　用刀在面团上切几个长的口子。

6　卷起，卷法随意。将接口处朝下。

7　放入面包纸模中。

8　在相应的温度和湿度下，发酵至两倍大，然后刷上蛋液。

9　烤箱175℃预热，将面包纸模放在烤网上并放入烤箱中下层，上下火烤20分钟左右。

0失败"蜜"籍

1　一定要揉至出膜，做出来的面包才松软。

2　这个面包包的是椰蓉，也可以包入火腿、肉松等。

3　整形的方法很简单，但要记得收口处一定要向下。

吸引眼球 表面装饰面包 7款

面包制作的心得体会

很多人都会埋怨自己做的面包为什么不好吃。说实在，刚学的时候，我也是这么认为的。其实做面包就像打仗一样，只有知己知彼，才能百战不殆。

面团成功出膜

要想做出好吃的面包，首先就应该过了出膜这一关。如果连膜都出不了，那下面的面包，我们能期待是怎么样的结果呢？这就像我们的学习一样，小学学习好，初中的时候学得就不会吃力。初中的时候学习好，高中的时候才能轻松考取大学。

第一步没有做好，关系到后面面团的状态。面团揉好后，发酵也是一个关键点。如果发酵不足，面团还没有发至两倍大，膨胀力不够。如果发酵过了，面团一按就出现气球撒气的状态，这样的面团也是做不出好吃的面包的。所以多积累经验才是最重要的。

发酵失败的面团做不出好面包

我有一个朋友，对面包有着浓厚的兴趣。晚上做了一个面包，觉得很好吃。第二天早上四点起床再做一个。试想，有多少人能有这样的精力，四点钟起床呢？这正是她的兴趣所在，投入所至。

发酵成功的面团

面团首次发酵好后，二次发酵也很重要，如果这个时候不看着它，可能会发过了。如果你的温湿度没有掌握好，可能会发酵不足。发过的面包烤出来会有股酸味，而且组织松散。发酵不足的面包烤出来会松软不足。

烤的时候也是关键。小面包一般就是15分钟左右，稍大一点的面包会延长到20分钟。如果450克面团只是做了一个大面包，那时间就要30分钟左右。

烘烤中的面包

做法

1 所有面包体原料除黄油外揉至光滑，加入软化的黄油揉至出小片的薄膜，但不轻易破裂。

2 将面团放入一个容器中盖盖发酵。

3 发酵至两倍大。

4 用手指按下不会轻易反弹。

5 将面团取出来分成8份，每份都滚圆后盖保鲜膜醒10分钟。

6 取其中一份用擀面棍擀长。

7 翻面后整形成椭圆形。

8 将整形好的面团放在烤盘上，在相应的温度和湿度下，发酵至两倍大。然后面团上面刷蛋液，烤箱180℃预热好后，将烤盘放入烤箱中层烤15~18分钟。

9 面包取出，放烤网上，放凉。

10 将小面包从中间切开，但不切断，中间抹上沙拉酱。

11 再把面包表面也均匀地抹上沙拉酱。

12 上面沾满肉松即可。

一眼看上去，就是满满的肉松，我知道这个面包小朋友一定爱吃。

肉松面包

◉ 难易程度：中等 ★★★☆☆

◉ "时"全食美：3个半小时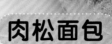

○失败"蜜"箱○

1 肉松和沙拉酱可以自制，也可以从超市购买。

2 小面包放凉后，如果放第二天做早餐，可以用保鲜袋先扎紧，这样不会风干。

原料

面包体	盐2.5克
高筋面粉200克	酵母2.5克
低筋面粉50克	**表面装饰**
鸡蛋液48克	蛋液少许
水110毫升	**肉松沙拉馅料**
黄油20克	肉松少许
细砂糖25克	沙拉酱少许

分量

8个

烤制

180℃，中层，上下火，18分钟左右。

烘焙工具

打蛋盆、烤盘、秤、羊毛刷、保鲜膜、小刮刀、擀面棍、烤网、刀、案板。

准备工作

1 鸡蛋提前从冰箱取出回温。

2 黄油提前室温下软化至20℃。

3 面包烤制前，提前10分钟预热烤箱。

虎皮面包

◎ 难易程度：中等 ★★★☆☆
◎ "时"全食：3个半小时 🕐🕐🕐🕐

第一眼看起来很像是菠萝包，其实这不是菠萝包啦。没有菠萝面皮那么甜，但是很酥脆，我喜欢抹上果酱吃。所以这是一款有着三重口感的面包，一层是酥脆，一层是柔软，还有一层是果酱的香甜。

 原料

面包体
高筋面粉200克
低筋面粉50克
酵母2.5克
细砂糖25克
盐2.5克

分量
8个
烤制
180℃，中层，上下火，20分钟左右。
烘焙工具
打蛋盆、烤盘、秤、小刮刀、烤网、筷子、硅胶垫。

水100毫升左右
鸡蛋1个
黄油25克

虎皮
糯米粉60克
高筋面粉10克

水80毫升
黄油5克
酵母2克
盐1克
细砂糖5克

准备工作
1 鸡蛋提前从冰箱取出回温。
2 面包体原料中，黄油提前室温下软化至20℃。
3 虎皮原料中，黄油提前隔温水融化。
4 面包烤制前，提前10分钟预热烤箱。

面包体做法

1 所有面包体原料除黄油外揉至光滑，再加入软化的黄油揉至扩展阶段，放入打蛋盆中，盖上盖，发酵至两倍大。

2 取出将面团搓长。

3 分成8份。

4 依次滚圆。

5 将小面团排放在烤盘中。

6 在相应的温度和湿度下，发酵至大一圈。

7 用小刮刀在面团上面涂虎皮糊（做法见下方）。

8 烤箱180℃预热，将烤盘放入烤箱中层，烤20分钟左右。

虎皮糊做法

9 所有虎皮原料除黄油外倒入容器中。

10 倒入稍放凉的液体黄油。

11 混合均匀进行发酵。

12 发酵好的虎皮糊膨胀许多哦。制作面包时将虎皮糊涂在面包上即可。

0失败"蜜"籍

1 面团揉至扩展阶段即可。这个和普通的小餐包差不多，只是表皮多了一层脆脆的虎皮。所以把虎皮糊和面团发酵的时间维持一致即可。

2 如果虎皮糊提前发酵好，可以放冰箱冷藏室，等小面包面团发酵好后涂上。

3 香酥粒辫子面包

◎ 难易程度：中等 ★ ★ ★ ☆ ☆
◎ "时"全食美：3个半小时 🕐🕐🕐🕐

早上吃饭的时候，女儿说好久没吃面包啦！于是赶紧做了这个小面包，很诱人食欲的哦。

原料

面包体	盐2.5克	黄油25克	黄油15克
高筋面粉200克	鸡蛋1个	**表面装饰**	蛋液少许
低筋面粉50克	水100毫升左右	细砂糖15克	
细砂糖25克	酵母2.5克	低筋面粉30克	

分量

5个

烤制

180℃，中层，上下火，18分钟左右。

烘焙工具

打蛋盆、烤网、秤、羊毛刷、保鲜膜、长13厘米宽8厘米小雪芳模、烤盘。

准备工作

1 鸡蛋提前从冰箱取出回温。

2 黄油提前室温下软化至20℃。

3 将表面装饰除蛋液外混合成香酥粒。

4 面包烤制前，提前10分钟预热烤箱。

做法

1　所有面包体原料除黄油外揉至光滑，再加入软化的黄油揉至扩展阶段。

2　将面团放入打蛋盆中，盖上盖，发酵至两倍大。

3　然后将面团分成5份。

4　接着将每份面团分成3份，总共是15份小面团。用手进行滚圆，盖上保鲜膜，静置10分钟。

5　将小份搓长。

6　模具涂上软化的黄油，放一旁备用。

7　将小份面团每三份接头按紧。

8　编成辫子。

9　放入模具中，其他依次操作。再将模具放在烤盘上。

10　在相应的温度和湿度下，发酵至八分满。

11　上面刷蛋液，撒香酥粒。

12　烤箱180℃预热，将烤盘放入烤箱中层，烤18分钟左右。烤好后放烤网上晾凉。

0失败"蜜"籍

1　表面装饰中的黄油软化，加入细砂糖，再加入低筋面粉30克，混合后用手搓成粒状就是香酥粒。

2　涂过黄油的模具会比较容易脱模。

毛毛虫面包

◎ 难易程度：中等 ★★★☆☆
◎ "时"全食美　3个半小时 🕐🕐🕐🕐

可爱的小毛毛虫是不是让人很有食欲！外脆里萌又可爱的毛毛虫面包，制作也很简单。特别是松软的内部组织，很不错哦。

			准备工作
面包体	盐2.5克	分量	1　面包体原料中，鸡蛋提前从冰箱取出回温。
高筋面粉200克	**表面装饰**	10个	
低筋面粉50克	蛋液少许	烤制	2　泡芙酱原料中，鸡蛋提前从冰箱取出回温，并取蛋液搅拌均匀备用。
鸡蛋50克	**泡芙酱**	190℃，中层，上下火，12分钟左右。	
水100克左右	黄油50克		3　黄油提前室温下软化至20℃。
黄油25克	水100毫升	烘焙工具	
酵母2.5克	鸡蛋2个	打蛋盆、烤盘、秤、羊毛刷、保鲜膜、裱花袋、小锅、手动打蛋器。	4　泡芙酱原料中，低筋面粉过筛备用。
细砂糖25克	低筋面粉50克		5　面包烤制前，提前10分钟预热烤箱。

原料

做法

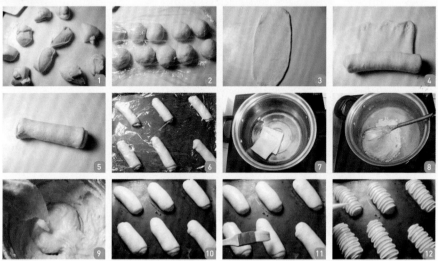

1　所有面包体原料除黄油外揉至光滑，再加入软化的黄油揉至扩展阶段。将面团放入容器中，盖上盖，发酵至两倍大。取出再将面团分成10份。

2　将小面团滚圆后，盖上保鲜膜静置10分钟。

3　将小面团用擀面棍擀长。

4　翻面后，顺长边卷起。

5　底边收口并捏紧。

6　放入烤盘中，盖上保鲜膜。在相应的温度和湿度下，发酵至大一圈。

7　发酵的过程中可以来制作泡芙酱，将黄油和水倒入小锅中。

8　黄油水煮开后，倒入过筛后的低筋面粉。

9　用小火搅拌至小锅底部出现粘连状。放凉到60℃，分次加入鸡蛋液，至呈倒三角状。

10　小面团发酵好。

11　表面用刷子刷蛋液。

12　泡芙酱装入裱花袋中，花袋剪出一个小口子，在面团上均匀地挤上泡芙酱。预热好190℃的烤箱，将烤盘放入烤箱中层，烤12分钟左右即可。

0失败"蜜"籍

1　小面包不要烤时间太长，太长会容易变干。

2　烤制根据自家情况调整。

3　多出来的泡芙酱可以直接制作泡芙。

5 芝士面包

◎ 难易程度：中等 ★★★☆☆
◎ "时"全食美：3个半小时 ⏱⏱⏱⏱

好味道的马苏里拉奶酪，撒在面包的表层，再加入香菜的点缀，真是一款让人回味的面包。

原料

面包体

高筋面粉200克

低筋面粉50克

鸡蛋液48克

水110毫升

黄油20克

细砂糖25克

盐2.5克

酵母2.5克

表面装饰

蛋液少许

香菜少许

马 苏 里 拉 奶酪少许

分量

10个

烤制

180℃，中层，上下火，18~20分钟。

烘焙工具

打蛋盆、烤盘、秤、羊毛刷、保鲜膜、擀面棍、硅油纸。

准备工作

1 鸡蛋提前从冰箱取出回温。

2 黄油提前室温下软化至20℃。

3 马苏里拉奶酪切小条备用。

4 香菜清洗干净，切小段备用。

5 面包烤制前，提前10分钟预热烤箱。

做法

1 所有面包体原料除黄油外揉至光滑，加入软化的黄油揉出小片的薄膜，但不轻易破裂。

2 将揉好的面团放入一个容器中盖盖发酵。

3 面团发酵至两倍大。

4 用手指按下不会轻易反弹。

5 取出来后，将面团分成10份，盖

保鲜膜静置10分钟，然后将小面团用擀面棍擀长。

6 再整成橄榄形。

7 放入烤盘上发酵，其他小面团依次操作。

8 在相应的温度和湿度

下，发酵至两倍大后，刷蛋液，撒奶酪条和香菜末，烤箱180℃预热，将烤盘放入烤箱中层烤18~20分钟。

0失败"蜜"籍

1 一定要揉至出膜，做出来的面包才好吃。

2 发酵好的面包极其松软，不能重力触碰，不然会变形。

3 面包排放烤盘中时的间距一般最少要8厘米，这样烤时膨胀也不会粘连。

4 烤好的面包要及时取出放凉后再装入保鲜袋中保存。

6

墨西哥奶酥面包

◎ 难易程度：中等 ★★☆☆☆

◎ "时"全食美：3个半小时 ●●●●

墨西哥奶酥面包从表面上看十分普通，但是表皮吃起来酥酥脆脆的，加上里面松软的面包，让人回味。

原料

面包体
高筋面粉200克
低筋面粉50克
细砂糖45克
盐2.5克
酵母4克
黄油20克
鸡蛋36克
水115毫升

馅料
糖粉30克
黄油70克
鸡蛋25克
奶粉80克
墨西哥糊
黄油50克
低筋面粉45克
细砂糖40克
鸡蛋25克

分量
10个
烤制
180℃，中层，上下火，18~20分钟。
烘焙工具
打蛋盆、烤盘、秤、保鲜膜、擀面棍、裱花袋、直径10厘米纸模。

准备工作

1　鸡蛋提前从冰箱取出回温。
2　黄油提前室温下软化至20℃。
3　墨西哥糊中的低筋面粉过筛备用。
4　面包烤制前，提前10分钟预热烤箱。
5　馅料中的原料混合均匀后制成奶酥馅，冷藏备用。

做法

1　面包体原料除黄油外揉至光滑，再加入软化的黄油揉至扩展阶段。放入打蛋盆中，盖上盖，并发酵至两倍大。然后取出将面团分成10份。每份都滚圆，盖上保鲜膜，静置10分钟。
2　奶酥馅从冰箱冷藏室取出。
3　分成10等份。
4　取其中一份面团，用擀面棍擀圆，然后翻面后包入馅料。
5　包好后放入烤盘上，其他依次操作。

6　在相应的温度和湿度下，发酵至两倍大。
7　制作墨西哥糊，软化的黄油加入细砂糖搅拌均匀，分次加入鸡蛋搅拌均匀，再加入过筛后的面粉搅拌均匀即可。
8　将墨西哥糊装入裱花袋，裱花袋剪出一个小口子，然后转圈挤在面团上。烤箱180℃预热好后，将烤盘放入烤箱中层烤18~20分钟。

0失败"蜜"籍

1　墨西哥面糊挤至表面的八成即可，不要挤到面包底部，因为烤时面糊还会往下面流。
2　馅料可以有多种选择，比如豆沙馅，莲蓉馅，等等。

7 德式面包

- ◉ 难易程度：中等 ★★★☆☆
- ◉ "时"全食美：3个半小时 ◷◷◷◷

这种面包看起来有点像蛋糕的模样。如果能加上其他颜色的果干，效果就更好了。

原料

面包体

高筋面粉200克

低筋面粉50克

细砂糖25克

盐2.5克

酵母2.5克

黄油25克

水105毫升

鸡蛋50克

卡仕达酱

蛋黄1个

牛奶70克

细砂糖25克

低筋面粉8克

香酥粒

黄油10克

面粉8克

细砂糖5克

朗姆酒泡过的葡萄干10克

分量

16块

烤制

175℃，中层，上下火，25分钟左右。

烘焙工具

打蛋盆、烤盘、秤、羊毛刷、保鲜膜、叉子、裱花袋、裱花嘴、小锅、料理机、手动打蛋器。

准备工作

1 鸡蛋提前从冰箱取出回温。

2 面包体原料中，黄油提前室温下软化至20℃。

3 卡仕达酱中低筋面粉过筛备用。

4 香酥粒原料中，黄油提前切小块并冷冻。

5 面包烤制前，提前10分钟预热烤箱。

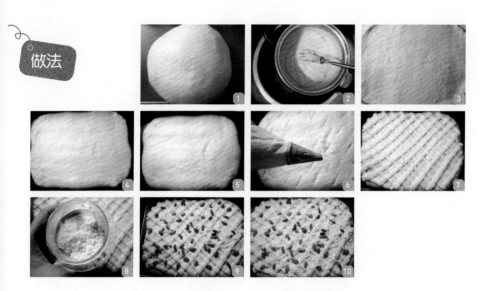

做法

1　面包体原料除黄油外，揉至光滑，再加入软化的黄油，揉至扩展阶段。然后放入打蛋盆中，盖上盖。发酵至两倍大。

卡仕达酱做法

2　将蛋黄加入细砂糖打至发白，再加入过筛后的低筋面粉混合。牛奶煮至快开，一点点慢慢倒入蛋黄糊中，搅拌均匀，过筛后再重新放回炉上，小火煮至有纹路，隔冰水放凉。

3　将发酵好的面团擀平擀薄，放25升烤盘上。

4　在相应的温度和湿度下，发酵至涨一倍大。

5　用叉子在面团上叉一些小眼。

6　用裱花袋装上花嘴，并将卡仕达酱装入，然后从花嘴中挤出卡仕达酱。

7　在面团上挤成交叉的形状。

香酥粒做法

8　香酥粒原料中的冷冻黄油加入面粉和细砂糖，用料理机搅碎。

9　慢慢并均匀地撒在面包片上。

10　再撒入泡过朗姆酒的葡萄干10克左右。烤箱175℃预热好后，将烤盘放入烤箱中层烤25分钟左右即可。

0失败"蜜"籍

1　面包表面的图案可以随意画，比较美观即可。

2　朗姆酒泡过的葡萄干在烤制时，不会变焦。

永远的经典吐司 7款

吐司的注意事项

要想学做面包，第一步就是要先会做小餐包。当小餐包做好了之后，就可以学习制作吐司了。

🍞如何手工揉面？

1　首先将配方中除了黄油外，其他材料放入一个容器中。盐和酵母分开放，因为盐容易影响酵母的起发。

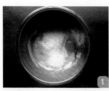

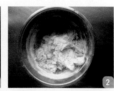

2　将材料混合。

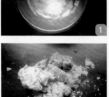

3　倒在案板上。　　4　开始揉面。

5　通过搓揉，面团开始慢慢变粘。（所以配方中的水量可以先放80%，剩余的看情况添加）

6　这时候手上还是会有些黏的。没关系，揉着揉着，当面团变光滑后，就不会那么黏了。如果揉的过程中发现水少了，可以再适量加些。

7 经过不断地摔打，搓揉，面团会稍显光滑，可以出现厚的膜样。

8 慢慢地再揉一会儿，当出现图片中有少许薄膜的时候，就可以加软化的黄油了。

9 揉好的面团，可以用手轻轻地抻出薄膜，且不容易断裂。达到这种程度，就可以做小面包了。

如何用面包机揉面？

面包机揉面比较轻松省力。手揉的时候，会吸收不少水分，而面包机在桶内操作，水分会比手揉用量稍少一点。

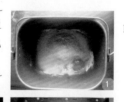

1 同样是将材料除黄油外放入面包桶中。（水量可以留下一点备用）

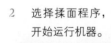

2 选择揉面程序，开始运行机器。

3 面粉会慢慢成团。

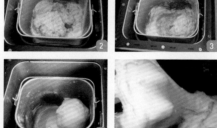

4 面团在面包机中会越来越光滑，用手可以抻出小片薄膜。

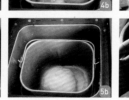

5 此时加软化的黄油，面包机会继续运转，出现如图片中的薄膜状态，就可以做小面包了。

如何用厨师机揉面？

厨师机揉面速度比较快，效率也较高。

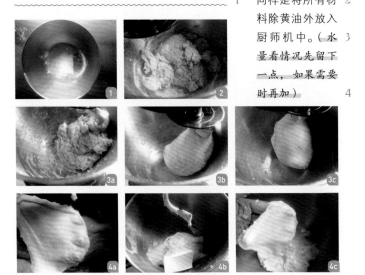

1　同样是将所有材料除黄油外放入厨师机中。（水量看情况先留下一点，如果需要时再加）

2　厨师机慢慢将面揉成团。

3　随着时间越来越长，面团就会越来越有光泽。

4　能抻开少许薄膜，就可以加软化的黄油了，厨师机再继续揉一会儿，出现图片中的状态就可以做小面包了。

做吐司需要达到什么样的状态？

平时做吐司，薄膜的状态要比上面的要求还高，需要达到用手撑开大片薄膜，且不容易断裂为准。因为只有出现这样的状态，吐司容易发酵，而且烤的时候会容易膨胀哦。

面团如何滚圆，为什么要滚圆？

如果面包是需要一个大的，那就要将整个的面团进行滚圆。操作时，将两只手放在面团的两侧，通过转动面团，达到让面团光滑的目的。

如果是分割下来的小面团，那么只需要一只手进行滚圆。用手的虎口处握住面团，通过转动面团来进行滚圆。

那么为什么要滚圆呢？因为面团经过发酵后，会产生一些大大小小的气泡，通过滚圆可以让面团更光滑，烤出来的组织更均匀。

⌇面团如何切割？

发酵好的面团要进行分割，可以用刮板操作。如果是分成4份，可以将面团从中间对切，然后再对切，这样会比较容易分得均等。当然这样切好后，还是要用秤称一下，以保证精确。

⌇面团为什么要静置？

分割好的面团，经过滚圆后，还要进行静置，也就是松弛一会儿。为防止静置的时候面团风干，可以盖上保鲜膜。只有松弛后的面团操作的时候才会比较容易，不会收缩。特别是吐司，每擀卷一次后，都要盖上保鲜膜松弛一会儿，才容易擀得开。

⌇什么是相应的温度和湿度？

本书中多次提起相应的温度和湿度，究竟指的是什么？温度指的是38℃，湿度指的是80%左右。

为什么在做面包的时候，会经常提起温度和湿度呢？因为面包在醒发的过程中，特别是第二次醒发，需要吸收水分和有适合的温度。如果空气中太过干燥，烤出来的面包也容易干。所以一定要达到这样的要求，烤出来的面包才好吃。起酥面包除外，因为起酥面包中的黄油遇热会融化，所以起酥面包30℃以内发酵较好。

1

红豆吐司

⦿ 难易程度：中等 ★★★☆☆

⦿ "时"全食美：3小时 ⏰⏰⏰

原料

高筋面粉200克
低筋面粉50克
细砂糖25克

盐2.5克
酵母2.5克
牛奶110克左右

鸡蛋50克左右
蜜红豆50克
黄油25克左右

分量

450克吐司1个

烤制

180℃，下层，上下火，35分钟左右。

烘焙工具

打蛋盆、秤、保鲜膜、擀面棍、吐司盒、烤网、刮板。

准备工作

1 鸡蛋提前从冰箱取出回温。
2 黄油提前室温下软化至20℃。
3 吐司烤制前，提前10分钟预热烤箱。

红豆可以补血养颜，经常吃对女性特别好，用来做吐司也很不错。

做法

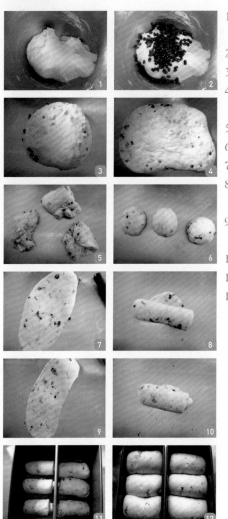

1　所有原料除黄油、蜜红豆外揉光滑，加入软化的黄油，揉出膜至完全阶段。

2　倒入蜜红豆。

3　揉均匀。

4　将面团放入打蛋盆盖上盖，并发酵至两倍大取出。

5　面团分成3份。

6　每份滚圆，盖上保鲜膜，静置10分钟。

7　用擀面棍将小面团擀长。

8　再将小面团翻面后顺短边卷起，再盖保鲜膜，静置10分钟。

9　收口向下，将面团转90°再用擀面棍擀长。

10　再顺短边卷起。

11　放入吐司盒中。

12　在相应的温度和湿度下，发酵至八九分满，180℃预热好烤箱后，将吐司盒放在烤网上并放入烤箱下层烤35分钟左右。

0失败"蜜"籍

1　擀卷的时候力度要均等，如果不均等，内部组织可能会有孔洞。

2　烤制吐司的时间，根据个人烤箱火力大小决定。

2

芝麻吐司

◎ 难易程度：中等 ★ ★ ★ ☆ ☆

◎ "时"全食美：4小时 🕐 🕐 🕐 🕐

中种材料发酵时因为室温各不相同，所以一定要发酵至两三倍大后再和其他面团原料混合。

原料

中种
高筋面粉175克
水100毫升
酵母2.5克
奶粉5克

分量
450克吐司1个

烤制
180℃，下层，上下火，35分钟左右。

烘焙工具
打蛋盆、烤网、秤、吐司盒、擀面棍、保鲜膜、刮板。

面包体
低筋面粉50克
高筋面粉25克
细砂糖15克
盐4克

鸡蛋50克左右
黑芝麻5克
黄油30克

准备工作

1 鸡蛋提前从冰箱取出回温。

2 黄油提前室温下软化至20℃。

3 黑芝麻提前用烤箱烤熟备用。

4 吐司烤制前，提前10分钟预热烤箱。

做法

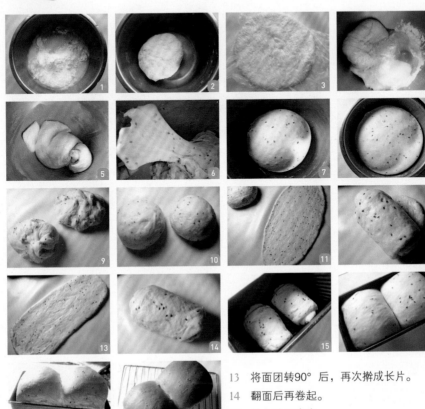

13 将面团转90°后，再次擀成长片。

14 翻面后再卷起。

15 放入吐司盒中。

16 温度38℃，湿度85%发酵至九分满。

17 烤箱180℃预热好后，将吐司盒放在烤
网上，并放入烤箱下层烤35分钟左右。

18 倒在烤网上放凉切片。

1 中种材料倒入容器中。

2 揉成团。

3 盖上盖，发酵至两三倍大。

4 再将面包体原料除黄油和黑芝麻外，一
起倒入容器中。

5 与中种材料揉光滑后加入软化的黄油。

6 至出大片薄膜后加入熟黑芝麻揉均匀。

7 整形成团放入容器中，盖上盖进行发酵。

8 发酵至两倍大。

9 将面团分成两份。

10 每份都滚圆后盖上保鲜膜静置10分钟。

11 再用擀面棍擀成长片。

12 翻面后卷起，依次操作好后再盖上保鲜
膜醒5分钟。

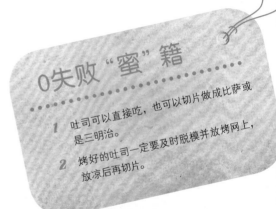

0失败"蜜"籍

1 吐司可以直接吃，也可以切片做成比萨或
是三明治。

2 烤好的吐司一定要及时脱模并放烤网上，
放凉后再切片。

3

蛋糕吐司

- ◎ 难易程度：中等　★ ★ ★ ☆ ☆
- ◎ "时"全食美：3个半小时　⏱ ⏱ ⏱ ⏱

这款小吐司，虽然模样不怎么样，可是真的既有蛋糕的清香，又有吐司的口感。

原料

面包体
高筋面粉150克
低筋面粉50克
细砂糖20克
酵母3克

鸡蛋50克
水70毫升
黄油20克
蛋糕糊
水30毫升

植物油30克
鸡蛋2个
细砂糖40克
低筋面粉40克

分量

4个

烤制

175℃，中下层，上下火，30分钟左右。

烘焙工具

打蛋盆、烤网、秤、羊毛刷、保鲜膜、擀面棍、18厘米小面包纸模、刮板、刮刀。

准备工作

1　鸡蛋提前从冰箱取出回温。
2　黄油提前室温下软化至20℃。
3　蛋糕糊中，鸡蛋提前从冰箱取出回温，将蛋黄和蛋白分开备用。
4　吐司烤制前，提前10分钟预热烤箱。

做法

面包体做法

1　面包体原料除黄油外揉至光滑，再加入软化的黄油揉至出膜，放入容器中，盖上盖，发酵至两倍大，取出面团分成4份滚圆，盖上保鲜膜静置10分钟。

2　取其中一个用擀面棍擀长，翻面后卷起。放在长条纸盒中，其他小面团依次操作。然后放在烤网上。

3　在相应的温度和湿度下，发酵至两倍大。

4　倒入蛋糕面糊（做法见下方），烤箱175℃预热，上下火，中下层烤30分钟左右。烤的时候蛋糕表面结皮，取出来在蛋糕表面划一道横线，再烤至上色即可。

蛋糕糊的做法

5　蛋糕糊原料中的2个蛋白放在无油无水的容器中，分三次加入40克细砂糖，打至蛋白倒扣不倒，有少许小弯钩。

6　蛋糕糊原料中的2个蛋黄加入水、植物油，搅拌至发白。

7　加入过筛后的低筋面粉搅拌均匀。

8　先将一小半蛋白放入蛋黄糊中，自下而上翻拌好，再将剩下的蛋白一起倒入，翻拌均匀就是蛋糕糊了。

0失败"蜜"籍

1　蛋糕糊倒入模具中后，尽可能装均匀，这样吐司的外面都是均匀的一层蛋糕。

2　火力需根据模具的大小调节。

4 牛奶吐司

◉ 难易程度：中等 ★★★☆☆
◉ "时"全食美：3个半小时 🕐🕐🕐🕐

牛奶制作的点心一直是家里人的最爱，加入牛奶就有了营养，有了营养大家就都愿意吃了。这款吐司就是用的牛奶和面，自然大受欢迎。

 **原料**

面包体

高筋面粉200克
低筋面粉50克
细砂糖30克

盐3克
黄油30克
牛奶170克
酵母4克

表面装饰

蛋液少许

分量

450克吐司1个

烤制

180℃，下层，上下火，30分钟左右。

烘焙工具

打蛋盆、烤网、秤、羊毛刷、保鲜膜、擀面棍、吐司盒、刮板。

准备工作

1 鸡蛋提前从冰箱取出回温。
2 黄油提前室温下软化至20℃。
3 吐司烤制前，提前10分钟预热烤箱。

1 所有面包体原料除黄油外揉至出筋，再加入软化的黄油揉至光滑，有大片的薄膜，且不容易断裂。即使是断裂，洞口也是光滑的弧形。

2 面团放入容器中，盖上保鲜膜。

3 发酵至两倍大。

4 将手沾少许面粉按入面团，面团不会轻易反弹。这样的面团就是发酵好了。

5 将面团分成3份，每份都滚圆，盖上保鲜膜静置10分钟。

6 将小剂子用擀面棍擀长后，翻面卷起。再盖上保鲜膜静置10分钟。

7 将面团转90°再次擀长后，翻面卷起。依次放入吐司模具中。

8 在相应的温度和湿度下，发酵至八分满，表面用刷子刷蛋液。烤箱180℃预热好后，将吐司盒放在烤网上，放入烤箱最下层，烤30分钟即可。

0失败"蜜"籍

1 配方中全部用牛奶和面，没有加鸡蛋，吃的就是奶香的味道。

2 这是一款可以用手撕着吃的吐司。

5

牛奶鸡蛋吐司

◎ 难易程度：中等　★★★☆☆

◎ "时"全食美：3个半小时　🕐🕐🕐🕐

做吐司不光要好吃，还要有营养。做出有营养的吐司无非是加些鸡蛋和牛奶。而超市的吐司主要原料是水和面粉，虽然香味很浓，可是和自己家做的这种香味完全是两样。

原料

面包体

高筋面粉200克

低筋面粉80克

牛奶170克

鸡蛋15克

盐4克

酵母5克

细砂糖40克

黄油28克

表面装饰

蛋液少许

分量

450克吐司1个

烤制

180℃，下层，上下火，30分钟左右。

烘焙工具

打蛋盆、烤网、秤、羊毛刷、保鲜膜、刮板、擀面棍、吐司盒。

准备工作

1　鸡蛋提前从冰箱取出回温。

2　黄油提前室温下软化至20℃。

3　吐司烤制前，提前10分钟预热烤箱。

做法

1　所有面包体原料除黄油外揉至光滑，再加入软化的黄油揉至出膜。

2　放入容器中发酵。盖上保鲜膜，这样面团不会干燥。

3　发酵至两倍大。

4　手沾些面粉，扎进面团中，出现小洞不会反弹或者反弹极其缓慢，说明发酵好了。如果四周的面团一下子就塌了，说明发过了。面团就不能用了，或者可以做为中种。发酵过的面团会有股酒味。如果用这种面团来制作面包，拉神力不够，面团组织会相当粗糙。

5　发酵好的面团，分成两个均等的面团。盖上保鲜膜，先醒10分钟。

6　将面团用擀面棍擀长，翻面后卷起。再盖上保鲜膜醒10分钟。（这也要注意，根据室温，如果室温比较高，10分钟面团都开始发酵了。那就得放冰箱里醒了）

7　将面团转90°，再次用擀面棍擀长并翻面后卷起。（两次擀卷，做出来的吐司组织就会很细密）

8　放入吐司盒中的面团最好是上下两端顶着吐司盒的两侧。这样发酵的时候才能发满，否则吐司出来的形状不好看。

9　在相应的温度和湿度下，发酵至吐司模的九分满。

10　再均匀地刷上蛋液。烤箱180℃预热好后，将吐司模放在烤网上，并放入烤箱最下层，上下火烤30分钟即可。

0失败 "蜜" 籍

1　鸡蛋可以用一整个，但牛奶的量就要减少。

2　擀的时候要注意力度，不然烤出来的吐司会有空洞。

3　一定要给面团醒的时间，这样它才会听你的话。

4　面团稍湿一点，烤出来的吐司才不会干。

5　做好的吐司，一般蘸果酱吃，也可以烤着吃，还可以做奶酥厚片，迷你比萨。

6　面团发酵应根据室温来定，10℃左右的室温，面团一般要发酵三四个小时，28℃左右需要大约半个小时。如果是放在冰箱冷藏室，一般10小时左右。

6

南瓜吐司

◎ 难易程度：中等 ★★★☆☆

◎ "时"全食美：3个半小时 🕐🕐🕐🕐

南瓜是给面包上色的好帮手，吐司加入南瓜后，颜色让人特别有食欲。

0失败"蜜"籍

1 吐司和小餐包不一样，揉面的程度还要加大一点，保证揉至完全阶段。

2 南瓜的颜色决定吐司的颜色，所以品种好一点的南瓜非常重要。

3 用南瓜做戚风蛋糕也一样好看。配方：鸡蛋3个，细砂糖40克，植物油30克，低筋面粉50克，盐1克，南瓜泥60克。

4 吐司烤好后，要立即脱模放烤网上放凉，这样才不容易收缩。

原料

南瓜130克	酵母2.5克
高筋面粉200克	盐2.5克
低筋面粉50克	细砂糖20克
鸡蛋48克	黄油10克

分量

450克吐司1个

烤制

180℃，下层，上下火，30分钟左右。

烘焙工具

打蛋盆、烤网、秤、保鲜膜、吐司盒、刮板。

准备工作

1 鸡蛋提前从冰箱取出回温。

2 黄油提前室温下软化至20℃。

3 南瓜去皮后蒸20分钟压成泥备用。

4 吐司烤制前，提前10分钟预热烤箱。

做法

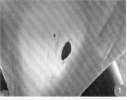

1 所有原料除黄油外揉至光滑，再加入黄油揉至出现透明的薄膜，即使有洞，边缘也很光滑。将面团放入打蛋盆中，盖上盖并发酵至两倍大。

2 发酵好后将面团取出分成8份。

3 依次滚圆并盖上保鲜膜醒10分钟。

4 放入450克吐司模具中，在相应的温度和湿度下，发酵至两倍大。烤箱180℃预热好后，将吐司模放在烤网上，并放入烤箱下层烤30分钟左右。

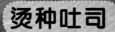

烫种吐司

◎ 难易程度：中等 ★★★☆☆

◎ "时"全食美：3小时 🕐🕐🕐

用烫种做出的吐司会非常松软，不信的话可以试试哦。

7

原料

烫种
高筋面粉50克
热水100毫升

面包体
高筋面粉200克

酵母3克
水50毫升
鸡蛋40克
细砂糖25克
盐5克

黄油25克

表面装饰
蛋液少许

分量

450克吐司1个

烤制

180℃，下层，上下火，30分钟左右。

烘焙工具

打蛋盆、烤网、秤、羊毛刷、保鲜膜、吐司模、擀面棍、刮板、小锅、筷子。

准备工作

1　鸡蛋提前从冰箱取出回温。

2　黄油提前室温下软化至20℃。

3　吐司烤制前，提前10分钟预热烤箱。

做法

1　热水煮到90℃。

2　倒入高筋面粉搅拌成团，放凉后，包保鲜膜放冰箱冷藏一个晚上。

3　次日加入面包体除黄油外其他原料揉至光滑，再加入软化的黄油揉出薄膜。

4　将面团分成8份并揉圆。

5　放入吐司盒内。

6　在相应的温度和湿度下，发至八分满，接着在面团表面刷蛋液，烤箱180℃预热好，将吐司盒放在烤网上，并放入烤箱最下层，烤30分钟左右（上色后盖锡纸），烤好后将吐司直接倒在烤网上放凉，切片食用。

0失败"蜜"籍

1　烫种是一种防止面团老化的面包制作方法。

2　如果你觉得面包不够松软的话，可以用烫种来制作。

3　烤箱温度依个人烤箱调节，面团加水量以个人面粉吸湿性来决定。

让人满足的 比萨 5 款

制作比萨的注意事项

ஃ什么样的饼底适合做比萨?

比萨的饼底可以分为三种。
一种是薄的面饼,可以制作脆底比萨,一种是稍厚点不
发面的面饼,还有一种是发酵过的面饼,三种饼底各有
各的特点,都挺好吃。

ஃ比萨盘要不要抹油?

比萨盘里抹点油可以烤出焦脆的口感。如果不喜欢底部
焦脆可以不抹油。

ஃ面饼二次发酵的时候为什么要扎眼?

用叉子在比萨饼底上扎一些小眼,再放上其他配料,烤
的时候不会鼓起。

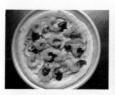

ஃ比萨的配料有哪些?

比萨的配料丰富多样,有鸡肉、虾、火腿,还有蔬菜也可
以用来制作比萨。

ஃ比萨酱如何制作?

比萨酱最简单的制作方法是,锅中放少许油,加入洋葱
炒香,然后倒入切碎的西红柿丁,翻炒均匀后,加入比
萨草、罗勒叶,煮香煮稠后,放盐和白糖起锅。如果想要味道更丰富点的,可以
加番茄酱或是意大利面酱,会更好吃。本书中的比萨采用最简单的制作方法,用
现成的沙拉酱或番茄酱,大家也可以在家动手制作好吃的比萨酱。

1

脆底比萨

◎ 难易程度：简单 ★☆☆☆☆

◎ "时"全食美：1小时 🕐

大家都知道比萨一般是底部松软的，这次却来做一个脆底的比萨，用普通的面饼就可以，非常方便。只吃一次可真不过瘾呢。

原料

饼底
中筋面粉200克
水110毫升
盐2克

馅料
香肠适量
生菜叶1片

马苏里拉奶酪
80克
洋葱少许
玉米粒少许
青豆少许
番茄沙司20克

分量
20厘米薄底比萨1个

烤制
220℃，中层，上下火，15分钟左右。

烘焙工具
擀面棍、烤盘、秤、面包机、平底锅。

准备工作

1 香肠蒸好并切片备用。

2 青豆、玉米粒沥干水分备用。

3 洋葱切丝、生菜叶清洗干净、马苏里拉奶酪切条备用。

4 比萨烤制前，提前10分钟预热烤箱。

做法

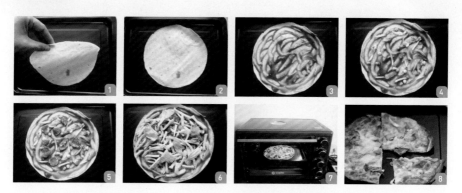

1　将饼底原料放入面包机中，和成面团，然后分成小剂子，每个小剂子擀圆擀薄，上平底锅正反面烙熟即可。取一张饼底。

2　放在烤盘上。

3　在饼的表面均匀地涂上番茄沙司。

4　接着在上面撒上青豆、玉米粒和洋葱少许。

5　然后放上切片的香肠。

6　再放上马苏里拉奶酪条和生菜叶。

7　放入220℃预热好的烤箱中，中层，上下火烤15分钟左右。

8　烤好后切片食用。做出来的比萨底部脆脆的，相当好吃。

0失败"蜜"籍

1　饼底的材料可做好几张饼，可以烙好后冷冻，吃时取出。

2　这种比萨极薄，吃起来也极脆。

2 鸡肉比萨

◎ 难易程度：中等 ★★★☆☆

◎ "时"全食美：1个半小时 ●●

鸡肉在西式快餐中是非常受欢迎的，因为它制作出来会非常嫩，不会像鱼肉有刺，也不会像猪肉容易塞牙。那么，自己就在家做一个鸡肉比萨吧。

原料

饼底
高筋面粉125克
牛奶85克左右
植物油10克
酵母1克

细砂糖5克
盐1克
玉米粉少许（防粘用）

馅料
鸡肉60克

生抽少许
青红椒各半个
玉米粒少许
马苏里拉奶酪80~100克
千岛酱20克

分量

九寸比萨1个

烤制

200℃，中层，上下火，共计20分钟左右。

烘焙工具

烤网、秤、叉子、擀面棍、保鲜袋、比萨盘。

准备工作

1 马苏里拉奶酪切长片备用。

2 青红椒、玉米粒清洗干净。玉米粒沥干水分，青红椒撕小片备用。

3 鸡肉提前一天用生抽腌制。

4 比萨烤制前，提前10分钟预热烤箱。

做法

1　饼底原料放在一起揉至扩展阶段，放在保鲜袋中，发酵至两倍大。

2　九寸模具上涂上植物油备用。

3　将发酵好的面团取出，重新揉圆，表面可以撒点玉米粉防粘。

4　用擀面棍擀成圆饼形，放在比萨盘上，边缘要略厚。稍醒一会儿，在相应的温度和湿度下发酵30分钟。这样面饼皮会比较松软。

5　发酵好后，上面用叉子扎小眼。

6　涂上一层千岛酱。

7　放上青红椒片。

8　撒上玉米粒。

9　腌好的鸡肉用平底锅炒至七成熟并放凉备用。（这样做可以让鸡肉水分不会太多，也容易熟）

10　将鸡肉放在面饼上。

11　均匀地放上切片的马苏里拉奶酪。

12　烤箱200℃预热好后，将比萨盘放在烤网上，并放入烤箱下层烤5分钟后，转中层烤15分钟左右。这样底部会比较容易有焦脆的口感。

0失败"蜜"籍

奶酪可以切长条片，也可以切丝，效果差不多。

3

蔬菜比萨

◎ 难易程度：中等 ★★★☆☆
◎ "时"全食美：2小时 🕐🕐

比萨制作起来并不复杂，而且可以放很多的馅料在上面。特别是拉丝的感觉更受到人们的喜爱。

原料

饼底
高筋面粉120克
牛奶80克
酵母1克
盐1克
细砂糖5克

植物油5克
馅料
比萨酱少许
比萨草少许
洋葱数片
南瓜少许

西葫芦少许
玉米粒少许
青红椒少许
马苏里拉奶酪80~100克

分量

九寸比萨1个

210℃，中层，上下火，18分钟左右。

烘焙工具

打蛋盆、烤网、秤、擀面棍、比萨盘、叉子。

准备工作

1 所有蔬菜清洗干净后，分别切丝。

2 马苏里拉奶酪切薄片备用。比萨烤制前，提前10分钟预热烤箱。

1　先将饼底原料中的材料混合揉到扩展阶段，然后放入打蛋盆中，盖盖，并发酵至两倍大。取出面团用擀面棍擀成面饼形，边上一圈稍厚，其他地方稍薄。放入涂过植物油的比萨盘上。

2　在相应的温度和湿度下，稍醒发30分钟后，用叉子在面片上扎些小眼，这样可以防止面饼烤的时候鼓起。

3　先抹上一层比萨酱。

4　撒上玉米粒。

5　洋葱片均匀地放在比萨上。

6　依次均匀加入西葫芦丝、南瓜丝、青红椒丝和少许比萨草。

7　马苏里拉奶酪片，均匀地放在比萨饼上。

8　烤箱210℃预热好后，将比萨盘放在烤网上，并放入烤箱中层，烤18分钟左右即可。

0失败"蜜"籍

1　牛奶的量根据稀稠情况，适量增减。

2　蔬菜的分量不要放多，否则容易出水。

3　如果想吃起来有拉丝的感觉，可以多放一点马苏里拉奶酪。

4 鲜虾比萨

◎ 难易程度：中等 ★★★☆☆
◎ "时"全食美：1个半小时 🕐 🕐

和家人相聚的时候，不要忘记烘焙一份你的心意给他们哦。
特别是节日时，最后来一份比萨，是不是很心满意足呢？

原料

饼底
高筋面粉100克
牛奶70克左右
植物油10克
酵母1克

细砂糖5克
玉米粉少许（防粘用）
馅料
千岛酱20克
青红椒各半个

洋葱1片
虾20只
比萨草适量
马苏里拉奶酪80克左右

准备工作

1 马苏里拉奶酪放软切成丝备用。
2 青红椒、虾和洋葱分别清洗干净，青红椒撕小块，虾焯水后去壳去肠线，洋葱切丝备用。
3 比萨烤制前，提前10分钟预热烤箱。

八寸比萨1个

200℃，中层，上下火，20分钟左右。

叉子、烤网、秤、保鲜袋、比萨盘。

做法

1　饼底原料中所有材料揉成面团，并放入保鲜袋中发酵至两倍大。

2　发酵好后将面团取出揉圆。

3　擀成薄圆饼形，可以用少量玉米粉防粘。

4　比萨盘上抹少许植物油。

5　然后将饼底放入。

6　将饼底边缘捏厚。

7　在相应的温度和湿度下，发酵至稍大后，用叉子扎些小眼。

8　上面抹上千岛酱。

9　撒上青红椒、洋葱丝和比萨草。

10　再均匀地放上虾。

11　在面团表面均匀地撒上切成丝的马苏里拉奶酪。

12　烤箱200℃预热好后，将比萨盘放在烤网上，并放入烤箱中层，烤20分钟左右，上色即可。

0失败"蜜"籍

1　马苏里拉奶酪一定要放稍软后才容易切动。

2　虾要沥干水分，烤出的比萨才不会很湿。

5

吐司比萨只要家里用面包机做个面包，第二天的早餐就有了，非常简单方便。

吐司比萨

难易程度：简单 ★☆☆☆☆

"时"全食美：半小时

原料

面包体
吐司2片
馅料
洋葱半个
青豆适量
玉米粒适量

火腿半根
蘑菇1个
比萨草少许
千岛酱少许
马苏里拉奶酪适量

分量

2块

烤制

180℃，中层，上下火，15分钟左右。

烘焙工具

烤盘、刀、案板。

准备工作

1 马苏里拉奶酪切小条备用。

2 所有蔬菜清洗干净后，洋葱切丝，青豆玉米粒沥干水分，火腿切丁，蘑菇切小片备用。

3 比萨烤制前，提前10分钟预热。

做法

1 将吐司片放在烤盘上，均匀地抹上千岛酱。

2 在上面撒上青豆、玉米粒，还有洋葱丝。

3 再撒上火腿丁、蘑菇片和比萨草。

4 最后均匀地撒上马苏里拉奶酪条，烤箱180℃预热，将烤盘放入烤箱中层，烤15分钟左右，上色即可。

0失败"蜜"籍

1 吐司比萨分量较小，所以烤的时间也相对于大型比萨要短。

2 比萨草可以放，也可以不放。

下午茶好搭档
酥挞派 9款

关于酥皮制作

在本节中会经常提到酥皮，酥皮是制作酥点的关键。那有什么注意点呢？

软硬度

面团和黄油要保持一样的软硬度。如果黄油比较硬而面团比较软，折叠的时候，就容易造成黄油变碎，不容易擀薄。如果黄油较软而面团较硬，黄油会极易融化。另外，叠"被子"对温度的要求也比较高，温度过高操作难度加大。

静置

叠"被子"的要求还有一点就是静置。折叠的时候不给面团一个松弛的时间，面团在折叠的过程中就不太听你的话。如果放在冰箱冷藏静置一会儿，面团就好折叠了。而且在烤之前，面片要充分地静置，烤的时候才不会变形、收缩。

漏油

面团裹入黄油，为什么会漏油？主要是面团和黄油的走向没有顺好。同时温度太高，也容易漏油，所以叠的时候确保面团的软硬度、温度和揉面力度是一样的，才容易成功。

混酥

叠"被子"的时候，极易造成混酥。黄油和面皮的层次不均匀，混在一起了。所以要确保每次折叠操作都是正确的，才不会混酥。

1 黑布林果酱酥

◎ 难易程度：中等 ★★★☆☆

◎ "时"全食美：3小时 ◖◖◖

酥皮点心是许多美女的最爱，特别爱它香酥可口的味道，而且一吃就停不下来。那就自己来做个黑布林果酱酥吧。

原料

酥皮

高筋面粉90克

低筋面粉110克

盐4克

黄油30克

水90毫升左右

裹入用黄油130克

取20×20厘米

酥皮一张制作本款点心。

馅料

黑布林果酱适量

表面装饰

蛋液少许

分量

4块

烤制

220℃，中层，上下火，25分钟左右。

烘焙工具

打蛋盆、烤盘、秤、滚轮刀、尺子、小刮刀、保鲜膜、面包机、擀面棍、羊毛刷。

准备工作

1　裹入用黄油提前放冰箱冷藏室备用。

2　原料中黄油隔温水融化备用。

3　果酱酥烤制前，提前10分钟预热烤箱。

千层酥皮做法

1　将高筋面粉、低筋面粉、盐、融化的黄油和水倒入面包机中，和成一个光滑的面团，裹上保鲜膜，放冰箱冷藏30分钟。将裹入用黄油从冰箱冷藏室取出，黄油下面放一张保鲜膜。

2　将保鲜膜裹住黄油，用擀面棍敲打变成厚度为0.5厘米左右的黄油片，然后用尺子修整角度。

3　变成一个长方形。（敲打好的黄油片容易弯曲，折叠的时候就会断，或者手一碰面片就会有黄油溢出，都是达不到裹入黄油的要求的。夏天的时候，要敲打好后，放冰箱冷藏一会儿。冬天，如果室温非常低，敲打好后，就可以直接裹了）

4　将冷藏好的面团从冰箱取出。拿掉保鲜膜，用擀面棍擀薄。

5　将黄油片放在面片上。

6　用面片将黄油片裹好，不要露出油来。

7　将包好的面片**擀长擀薄**。

8　从两边分别向中心位置折起。

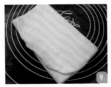 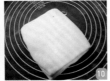

9　折好后，裹上保鲜膜，放冰箱冷藏20分钟。冷藏好后，再将面片取出擀长。桌上可以撒些面粉防粘，总共进行五次，每次折好后都要冷藏一会儿再操作下一次。（在操作的时候，发现表面有气泡要用牙签扎去。如果发现粘，就撒些面粉，但面粉不要多）

10　完成最后折叠的面团，盖上保鲜膜，放冰箱冷藏20分钟。取出后，擀成0.4厘米的面片。

果酱千层酥做法

11　将千层酥皮擀成0.2厘米的厚度，冷藏30分钟取出，切成10厘米的正方形。

12　折成三角形，用滚轮刀和尺子将面片的两边切出1厘米宽的条，但有部分要连着，不要切断。

13　切好的样子。

14　将面片上用刷子刷上蛋液，再对折过来，中间留出放果酱的位置。

15　对折好后，在对折后的表面也刷上蛋液。其他依次操作后将酥皮放在烤盘上。

16　烤箱220℃预热好后，将烤盘放入烤箱中层，烤25分钟左右至上色。取出，上面用小刮刀抹上黑布林果酱即可。

0失败"蜜"籍

1　酥皮尽可能的薄一点。每次操作都要冷藏，不然烤时容易收缩。

2　这款酥点在烤的时候没有放果酱，所以容易膨胀，擀的时候就擀薄一点，不至于膨胀太高。

3　蛋液要刷得均匀。

4　果酱可以自己做也可以用市售果酱。

葡式蛋挞

2

◎ 难易程度：难 ★★★★★

◎ 时 全食美：3小时 ◎◎◎◎

葡式蛋挞据说由英国人带到澳门，成为澳门很著名的小吃。现在全国各地都有葡式蛋挞吃，但自己家做的才最经济实惠。

原料

酥皮
高筋面粉90克
低筋面粉110克
盐4克
黄油30克
水90毫升左右
裹入用黄油130克
取15×22厘米左右酥
皮一张（或者最好称

一下，蛋挞皮一份25
克，要做6个，就是
150克的酥皮）

挞水
动物鲜奶油55克
蛋黄1个
细砂糖20克
牛奶40克
玉米淀粉2克

分量
6个

烤制
220℃，中层，上下火，
25分钟左右。

烘焙工具
打蛋盆、烤盘、秤、蛋挞
模、保鲜膜、面包机、擀
面棍、刀、案板、面粉筛。

准备工作
1　挞水原料中鸡蛋提前
　　从冰箱取出回温，将
　　蛋黄和蛋白分开，留
　　蛋黄备用。

2　酥皮原料中黄油提前
　　放回室温隔水融化。

3　裹入用黄油提前放入
　　冰箱冷藏室。

4　蛋挞烤制前，提前10
　　分钟预热烤箱。

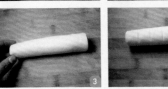

蛋挞皮做法

1　取一张千层酥皮，做法见第245页。

2　开始从一边卷起。

3　卷好的样子。

4　放冰箱冷冻30分钟左右，取出来分成6等份。

5　然后切成相等大小的剂子。

6　蛋挞模具保持干爽，将小剂子放入蛋挞模具中。
　　慢慢地用手将小剂子推薄，直至布满整个蛋挞模。
　　（如果发现粘手，手上可以沾少许高筋面粉操作）

7　做好的蛋挞皮暂时不要烤，冷藏30分钟，是为了
　　防止烘烤时收缩。

蛋挞液制作

8　开始准备蛋挞液，将牛奶倒入碗中。

9　加入细砂糖搅拌均匀后，再加入动物
　鲜奶油。

10　加少许玉米淀粉。是白色的啊，不是
　玉米粉哦。

11　加入1个蛋黄。

12　搅拌均匀，这时表面会有些气泡，不
　要紧，还要过滤的。

13　准备一个筛子，将蛋挞液过滤一下。

（为什么要过滤蛋挞液呢？因为蛋挞液
中加了玉米淀粉，玉米淀粉放入液体
中可能会结块，为了让做出来的蛋挞
看起来好看，吃起来顺滑，所以要过滤）

14　过滤好后，液体表面变得很光滑了。

15　将蛋挞液倒入蛋挞皮中，将蛋挞模放
　入烤盘，烤箱220℃预热好后，烤盘放
　入烤箱中层，烤25分钟左右。烤至表
　面有焦点再取出来。

0失败"蜜"籍

1　卷好的蛋挞皮要冷冻一下再切。这样放入模具中整形的时候就不容易化。

2　做好的蛋挞皮在模具中放30分钟再烤。时间也不要过长，否则会容易粘在模
　具上。

3　蛋挞皮用普通的蛋挞模大约25克即可。如果过少，虽然看上去比较薄，但烤的
　时候极易收缩。如果过多，蛋挞皮会比较厚，口感不好。

3

水果酥盒

◎ 难易程度：中等 ★★★☆☆

◎ "时"全食美：3小时 ●●●

这款小点心本身就相当酥脆，每咬一口，都是一层一层的感觉。其实制作的时候只是薄薄的一小片，不加任何膨胀剂，却能膨胀到八倍之大，可见西点的魔力了。西点往往就是这样，一点面粉，一点水，一点鸡蛋，一点黄油，一点白糖，却有着无穷的变化！

0失败"蜜"籍

1 这是一款需要耐心的甜点，不能着急哦。

2 擀酥皮的时候，如果觉得粘，可以少撒一些高筋面粉。

3 一旦无法擀薄，可以冷藏一会儿再继续。

4 即使制作成形的坯子也要放30分钟才可以烤，以防回缩。

原料

酥皮
高筋面粉150克
低筋面粉150克
盐6克
黄油40克
水150毫升

裹入用片状黄油
180克
馅料
芒果少许
草莓少许

分量

80个

烤制

220℃预热，中层，上下火，共计20分钟左右。

烘焙工具

打蛋盆、烤盘、秤、羊毛刷、大小切模、保鲜膜、擀面棍。

准备工作

1 黄油提前室温下隔水融化并放凉。

2 裹入用黄油提前放冰箱冷藏室。

3 酥盒烤制前，提前10分钟预热烤箱。

做法

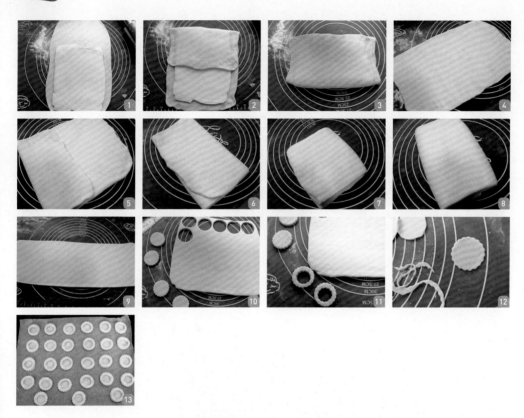

1　融化的40克黄油和水、盐以及两种面粉揉成
　　一个面团，揉光滑。放冰箱冷藏室30分钟。
　　取出面团并擀长，然后将裹入用黄油也擀
　　长。裹入用黄油是面片的三分之二长度。

2　将面片上部的三分之一折下来，盖住黄油的
　　一半。

3　将面片下部的三分之一再折上去。这样黄油
　　就被完全包裹。这样做的好处就是折出来的
　　层次更多。

4　将面片擀长。

5　将一边折向中间。

6　另一边也折向中间。

7　如此完成一折。

8　总共进行五擀五折。每次折叠前都要将面团
　　用保鲜膜包好，放冰箱冷藏15分钟，可以更
　　利于操作。

9　然后将面片擀成4毫米厚。

10　用大切模压出圆片。

11　再用一个小切模在圆片上压一下，可出来一
　　个空心圆圈。

12　空心圆圈多出来的那个小圆片，再擀薄用大
　　切模压出形状，并在上面涂蛋液。

13　再将空心圆圈盖在上面排入烤盘，并在空心圆
　　圈上再刷一次蛋液静置30分钟。烤箱220℃预
　　热好后，将烤盘放入烤箱中层，上下火烤15
　　分钟左右，膨胀后转200℃烤5分钟上色即可。

4

柠檬塔

● 难易程度：中等　★ ★ ★ ☆ ☆

● "时"全食美：3小时　🕐 🕐 🕐

夏季到了，特别想吃些凉的蛋糕、甜点。所以这不，又一款甜点就诞生啦。

原料

塔皮
黄油45克
糖粉30克
鸡蛋15克
低筋面粉75克

芝士馅
奶油奶酪75克
细砂糖15克

淡奶油50克
蛋黄1个
柠檬半个（取柠檬皮屑和柠檬汁）

凝固用
吉利丁粉3克
凉开水15毫升

分量
六寸柠檬塔1个

烤制
200℃预热，中层，上下火，共计25分钟左右。

烘焙工具
打蛋盆、烤网、秤、派盘、红豆、手动打蛋器、刮刀、保鲜袋、油纸、柠檬刨、擀面棍、叉子、小碗、面粉筛、电动打蛋器。

准备工作

1　鸡蛋提前从冰箱取出回温。
2　黄油提前室温下软化至20℃。
3　低筋面粉过筛备用。
4　馅料中，鸡蛋提前从冰箱取出回温，将蛋黄和蛋白分开，留蛋黄备用。
5　奶油奶酪提前室温下软化。
6　柠檬取皮屑备用。
7　吉利丁粉泡凉开水备用。
8　点心烤制前，提前10分钟预热烤箱。

做法

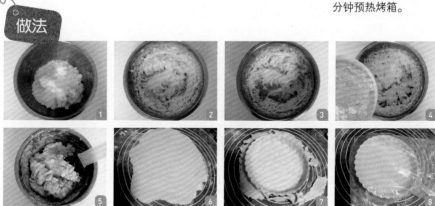

1　黄油软化后倒入一个无油无水的容器中并加入糖粉。
2　用电动打蛋器打发至变白，呈羽毛状。
3　分两次加入蛋液，每加一次搅拌均匀后再加下一次。
4　加入过筛后的低筋面粉。
5　自下而上翻拌均匀，并放入保鲜袋中在冰箱冷藏2小时以上。
6　将面团取出擀平，比派盘略大。
7　再将面团放在派盘上按平，去掉多余的面片。
8　用保鲜袋装好，放冰箱冷藏30分钟以上。

9   将派盘取出，面皮上面用叉子扎小眼。

10   在派盘上放上油纸，油纸上放上满满的红豆。（这样烤的时候不会鼓起）

11   烤箱200℃预热好后，将派盘放在烤网上，并放入烤箱中层烤10分钟后转180℃烤15
     分钟。如果取出红豆后觉得面饼中间略湿，可以再烤5分钟。

12   奶油奶酪加入10克细砂糖隔水软化。

13   再加入蛋黄搅拌均匀。

14   另取小锅，将装有吉利丁粉的小碗隔温水溶化。

15   将柠檬皮屑放入奶酪糊中。

16   将柠檬汁再挤入奶酪糊中。

17   搅拌均匀后，加入溶化的吉利丁液。

18   淡奶油加入5克细砂糖稍打发后倒入奶酪糊中。

19   将奶酪糊倒入放凉的派盘中，放冰箱冷藏1小时即可。

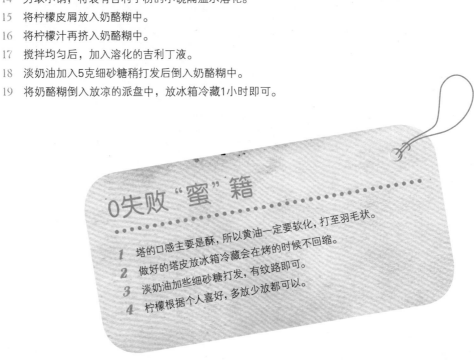

0失败"蜜"籍

1   塔的口感主要是酥，所以黄油一定要软化，打至羽毛状。

2   做好的塔皮放冰箱冷藏会在烤的时候不回缩。

3   淡奶油加些细砂糖打发，有纹路即可。

4   柠檬根据个人喜好，多放少放都可以。

核桃塔

◉ 难易程度：中等 ★★★☆☆
◉ "时"全食美：3个半小时 🕐🕐🕐🕐

5

核桃对于学生们来说是补脑的佳品，酥软的核桃塔，既饱口福，又增加了营养，一举两得。

塔皮
黄油45克
糖粉30克
鸡蛋15克
低筋面粉75克

馅料
细砂糖80克
黄油18克
鸡蛋1个
低筋面粉10克

核桃100克
表面装饰
巧克力少许

分量

六寸比萨1个

烤制

180℃，中层，上下火，35分钟左右。

烘焙工具

打蛋盆、烤网、秤、裱花袋、保鲜袋、面粉筛、刮刀、擀面棍、比萨盘、电动打蛋器。

准备工作

1 鸡蛋提前从冰箱取出回温。

2 黄油提前室温下软化至20℃。

3 低筋面粉过筛备用。

4 核桃切碎备用。

5 点心烤制前，提前10分钟预热烤箱。

1 黄油软化后倒入一个无油无水的容器中并加入糖粉。

2 用打蛋器打发至变白，呈羽毛状。

3 分两次加入蛋液，每加一次搅拌均匀，再加下一次。

4 加入过筛后的低筋面粉，用刮刀自下而上翻拌均匀，放保鲜袋中在冰箱冷藏2小时以上。

5 取出来后，擀成圆的面片，比比萨盘略大，再将面片铺在比萨盘上，去掉边缘。

6 将比萨盘装入保鲜袋，放入冷藏室30分钟。

7 下面制作馅料，黄油加入细砂糖打发。

8 再分次加入蛋液，每加一次就搅拌均匀。

9 搅拌均匀后的样子。

10 加入过筛后的低筋面粉。

11 搅拌好后，加入切碎的核桃。

12 倒在塔皮上。

13 烤箱180℃预热好后，将比萨盘放在烤网上并放入烤箱中层烤35分钟。

14 取出。

15 脱模并放凉。

16 上面淋上巧克力线。（巧克力隔水融化后，放入裱花袋中，裱花袋剪一小口子，就可以轻松挤出巧克力线）

0失败"蜜"籍

1 塔皮制作的时候，适合经常松弛一下。

2 放入模具中，不要直接烤，也要松弛一下，烤时才不会回缩。

6

南瓜派

- 难易程度：中等 ★★★☆☆
- "时"全食美：3小时 ●●●

秋天是南瓜大量上市的时候，南瓜是烘焙爱好者的最爱，用来做甜点最棒了。

原料

派皮	馅料
低筋面粉100克	南瓜120克
黄油50克	细砂糖12克
细砂糖5克	鸡蛋30克
蛋黄2个	动物鲜奶油70克

分量

六寸南瓜派1个

烤制

180℃，中层，上下火，共计40分钟左右。

烘焙工具

打蛋盆、烤网、派盘、秤、电动打蛋器、面粉筛、油纸、红豆、蒸锅、大眼筛子、刮刀。

准备工作

1 派皮原料中鸡蛋提前从冰箱取出回温，将蛋黄和蛋白分开，留蛋黄备用。
2 馅料原料中鸡蛋提前从冰箱取出回温，取出蛋液并搅拌均匀备用。
3 黄油提前室温下软化至20℃。
4 低筋面粉过筛备用。
5 南瓜去皮后切片蒸20分钟至熟。
6 点心烤制前，提前10分钟预热烤箱。

做法

1 将蒸好的南瓜用大眼筛子过筛。（网眼稍大点较容易过筛，过筛可以去掉南瓜筋）

2 过好筛的南瓜泥备用。

3 将南瓜泥先加入细砂糖混合。

4 再加入鸡蛋液混合。

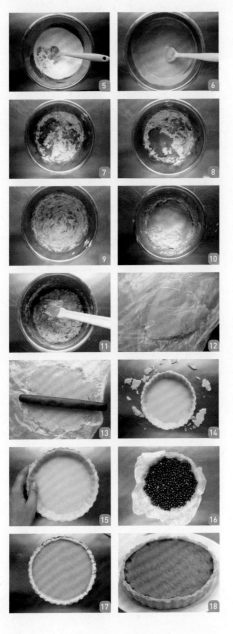

5　接着倒入动物鲜奶油。

6　混合均匀，放一旁备用。

7　下面制作派皮，黄油软化后加入细砂糖用电动打蛋器打发。

8　再分次加入蛋黄。

9　打发均匀。

10　倒入过筛后的低筋面粉。

11　用刮刀进行翻拌混合。

12　揉成团后，放保鲜袋中并放入冰箱冷藏室静置2小时。（静置的时间也可以用来制作前面的馅料）

13　将面团擀薄，大约比六寸派盘稍大一点。

14　将面片放在派盘上，按压并将多余的面片去除。

15　整形好边缘形状。

16　烤箱180℃预热，将派盘上面放上油纸红豆，放在烤网上，并放烤箱中层烤10分钟。

17　10分钟后，将红豆取出，再把馅料倒入。

18　烤30分钟左右即可。

7

苹果派

◎ 难易程度：难 ★★★★★
◎ "时"全食美：3个半小时 🕐🕐🕐🕐

苹果派的做法有很多种，加入了肉桂的苹果派，味道是非常棒的。
除了圆形的长方形的苹果派，还有叶形的苹果派哦。

原料

酥皮
高筋面粉90克
低筋面粉110克
盐4克
黄油30克
水90毫升左右

裹入用黄油130克
取20×20厘米的千层酥
皮一张

馅料
苹果180克
细砂糖20克

肉桂粉少许
黄油20克

表面装饰
蛋液少许

分量
4个

烤制
230℃，中层，上下火，20分钟左右。

烘焙工具
打蛋盆、烤盘、秤、圆形压模、小锅、擀面棍、保鲜膜、小刀、面包机、筷子。

准备工作
1 鸡蛋提前从冰箱取出回温并打散备用。
2 苹果去皮后切成小丁备用。
3 裹入用黄油提前放冰箱冷藏室备用。
4 点心烤制前，提前10分钟预热烤箱。

做法

1　制作苹果馅，锅中放入苹果丁、细砂糖、肉桂粉、黄油。

2　用小火煮至焦糖色备用。

3　取一张酥皮，做法见第245页，擀成0.3厘米左右厚，静置30分钟。

4　用模具压出派皮。

5　再用擀面棍擀成椭圆形。静置30分钟。

6　在面饼的外圈刷些蛋液，中间不刷。

7　放入苹果馅。

8　对折过来，压好边缘。

9　对折好后，上面再刷一层蛋液，其他依次操作，静置30分钟。

10　然后再刷一层蛋液，用刀刻出纹路。烤箱230℃预热好后，将苹果派放在烤盘上，并放入烤箱中层，烤20分钟左右，上色即可。

0失败"蜜"籍

1　酥皮擀薄一点，不然会膨胀太高。

2　擀过的酥皮不要立即就用，要静置一会儿，以防收缩。

8

奶油杏仁派

◎ 难易程度：难　★★★★★

◎ "时"全食美：10小时 🕐

这个派皮制做得比较小，吃起来也不会有负担。这是法国的著名甜点，有机会一定要试哦。

酥皮

高筋面粉75克

低筋面粉75克

盐2克

黄油20克

冷水75毫升

裹入用黄油90克

馅料

黄油40克

糖粉40克

鸡蛋35克

杏仁粉40克

表面装饰

蛋液少许

分量

16块

烤制

200℃预热，中层，上下火，共计40分钟。

烘焙工具

打蛋盆、烤盘、秤、羊毛刷、保鲜膜、碗、擀面棍、
电动打蛋器、六寸慕斯圈、小饼干模。

准备工作

1　鸡蛋提前从冰箱取出回温，取出蛋液并搅拌均
　　匀备用。

2　裹入用黄油提前放冰箱冷藏室备用。

3　酥皮中黄油提前放室温并隔水融化。

4　点心烤制前，提前10分钟预热烤箱。

 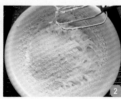 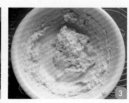 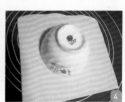

1　制作奶油杏仁馅，黄油加入糖粉搅拌均匀，再加入鸡蛋液搅拌均匀。

2　倒入杏仁粉。

3　搅拌均匀备用。

4　酥皮制作见第251页1~8步，擀成4毫米厚的正方形面片，边长大约是21厘米的两片。取其中一片，
　　用直径约12厘米的小碗盖一个圆圈，注意不要压断。

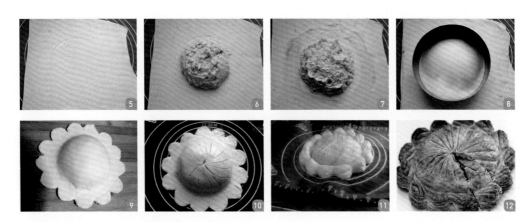

5　盖好的印子。

6　在印子里放入奶油杏仁馅。

7　在面片四周涂些鸡蛋液，用于粘合饼皮。

8　接着盖上另一张面片，上面再用六寸慕斯圈模具压出一个圆圈，用于制作花形图案。

9　边缘的小花，可以用小圆饼干模，再切出花来。

10　在杏仁派上刻上纹路，用刷子涂上蛋液。放冰箱一个晚上，第二天再烤。

11　次日，将杏仁派放在烤盘上。

12　烤箱200℃预热好后，将烤盘放入烤箱中层烤20分钟再转180℃烤20分钟左右。

0失败"蜜"籍

1　酥皮适合在温度10~20℃的时候制作。

2　酥皮不能过厚，太厚饼皮会不好吃，也不利于膨胀。

3　面饼上面的图案，不能刻得太深，否则杏仁馅露出来就不好看了。因为装的是奶油杏仁馅，所以叫奶油杏仁派。也因为长得像皇冠，所以也有人叫皇冠杏仁派。

4　蛋液刷均匀一些，烤出来色泽才会一致。

5　烤好后，可以刷一层糖水，水与糖的比例是1:1，会更有光泽。

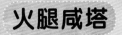

火腿咸塔

◎ 难易程度：中等 ★★★☆☆

◎ "时" 全食美：3小时 🕐🕐🕐

火腿直接吃就很好吃，用它来做汤或是炒饭也相当不错，今天加入塔皮中，自然又是一番滋味。

原料

塔皮
黄油20克
糖粉15克
鸡蛋7克

低筋面粉35克
馅料
熟玉米粒40克
青豆40克

火腿40克
沙拉酱25克
番茄酱少许

分量

6个

烤制

220℃，中层，上下火，15分钟左右。

烘焙工具

打蛋盆、烤盘、秤、蛋挞模、面粉筛、电动打蛋器、小勺、刮刀。

准备工作

1　鸡蛋提前从冰箱取出回温，并取出蛋液搅拌均匀备用。

2　黄油提前室温下软化至20℃。

3　低筋面粉过筛备用。

4　点心烤制前，提前10分钟预热烤箱。

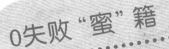

0失败"蜜"籍

1　小蛋挞模约是一般蛋挞大小。

2　这是一款咸味蛋挞，也一样很好吃哦。

做法

1　黄油软化后倒入一个无油无水的容器中，然后加入糖粉。

2　用打蛋器打发至变白，呈羽毛状，再分次加入蛋液。

3　分两次加入蛋液，每次都搅拌均匀。

4　再加入过筛后的低筋面粉自下而上翻拌均匀，并放保鲜袋中在冰箱冷藏2小时以上。

5　取出塔皮后，将塔皮用擀面棍擀成3厘米左右厚度，将小蛋挞模在塔皮上压出面片来，并将面片慢慢地放到小蛋挞模里并布满蛋挞模。

6　火腿切粒，同熟玉米粒、青豆一起加入沙拉酱搅拌均匀。

7　用小勺倒在小蛋挞模里。

8　上面挤上番茄酱，将蛋挞模排放在烤盘上。烤箱220℃预热，将烤盘放入烤箱中层，上下火，烤15分钟。

甜点店必不可少的 泡芙 4款

泡芙的注意事项

泡芙好吃，特别是一口咬下去，外皮酥脆，内心松软。虽然泡芙看上去小小的，但制作起来，也要有些诀窍的哦。

❧面粉要提前过筛

面粉一定要提前过筛，这样倒入煮开的水中，才不会容易结小颗粒、影响成品效果。

❧水分尽量要煮干

泡芙面糊里的水分尽可能地要煮干，因为只有煮干，才容易吸收更多的蛋液引起膨胀。也只有煮干了，烤的时候才不会因为自身的水分太多导致塌陷。

❧面糊蛋液混合好

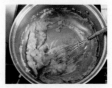

很多人在制作泡芙的时候，往往会遇到这样那样的失败。
其实说到底，就是蛋液和面糊混合的时候没有混合好，所以才会在烤的时候，出现没有膨胀、膨胀太小或面皮下塌等情况。
所以混合的时候，一定呈现图片中的倒三角才可以。

❧泡芙一定要烤透

虽然泡芙在烤箱中膨胀很好，但时间也要够，否则取出来也不会脆的，而且还容易塌。一定要泡芙的裂缝处都有深深的颜色，那样出来的泡芙才好吃。

冰激凌泡芙

◎ 难易程度：中等 ★★★☆☆
◎ "时"全食美：1小时 🕐

泡芙是一种西式甜点。这款泡芙里面夹着冰激凌，相信会有更多的人喜欢吃。

原料

泡芙体
黄油50克
水80毫升
鸡蛋2个
低筋面粉50克
细砂糖5克
馅料
冰激凌少许
表面装饰
糖粉少许

分量

16个

烤制

210℃，中层，上下火，25分钟
左右。

烘焙工具

打蛋盆、烤盘、秤、手动打蛋
器、裱花袋、硅胶垫、泡芙花
嘴、电动打蛋器。

准备工作

1　鸡蛋提前从冰箱取出回温，
　　并打散，搅拌均匀备用。
2　黄油提前室温下软化至
　　20℃。
3　低筋面粉过筛备用。
4　泡芙烤制前，提前10分钟预
　　热烤箱。

泡芙做法

1　将黄油、细砂糖和水倒入容器中。
2　将黄油水煮开关火。
3　倒入过筛后的低筋面粉。
4　不停地搅拌，至锅底有少许粘底出现薄膜。
5　搅拌好后，注意面糊要成团地粘在打蛋器上，稍稍将面糊放凉。
6　然后分次加入鸡蛋液。注意因为鸡蛋的大小不同，根据情况添加。用室温的鸡蛋。
7　开始搅拌的时候，发现打蛋头有很多面糊不掉。
8　再加一些蛋液，搅拌好后，发现面糊开始有些要掉落的情况，但还不是太明显。以上
　　两种情况用来做泡芙是不会膨胀的或膨胀极小。

9　再继续搅拌，一直到如图上的状态，面糊已经比之前稀，蛋液粘在打蛋器上要往下滴
　　落了。但注意别太稀，当蛋液加到打蛋头上的面糊要滴，但没有滴下来的情况即可。

10　将泡芙面糊放在裱花袋中。

11　挤在有硅胶垫的烤盘上，直径大约4厘米的圆形。

12　如果发现圆形上部不太平整，可以用手沾些水，让面糊平整。

13　将烤箱210℃预热，中层，烤25分钟左右。

14　烤10分钟时的样子。

15　烤15分钟时的样子。慢慢膨胀一直到裂纹处也上色，这样的
　　泡芙才会脆。里面是大的孔洞，切开就是两个壳。食用的时
　　候，将冰激凌准备好。泡芙切开，装入冰激凌。在泡芙上面
　　撒上糖粉即可。

0失败"蜜"籍

1　泡芙制作面糊很关键。泡芙之所以膨胀，是因为慢慢添加蛋液，蛋液在高温中
　　膨胀，所以才会形成球形，但蛋液也别加太多，否则反而不会膨胀了，会塌。

2　泡芙在烤箱中的时候，要注意，温度要高。在膨胀
　　的时候特别要注意不能开烤箱门。

3　虽然泡芙在烤箱中膨胀很好，但时间也要够，泡芙
　　虽然膨胀度高，但是因为时间不够，取出来也不会
　　脆的。

4　制作泡芙的面糊要搅拌成如右图所示，才容易膨胀。

栗子泡芙

2

很多人都从蛋糕房里买过泡芙。

但因为泡芙刚烤好时很脆的，夹上软软的内馅味道最好。

所以在蛋糕房里买的泡芙往往错过了最佳的食用时间，难免有些遗憾。

但家里制作，就可以解决这种问题。

香脆脆的泡芙出炉，夹上馅料，那才吃得够味！

栗子馅
去皮栗子200克
细砂糖50克
黄油40克

水少许
淡奶油150克
泡芙体
黄油50克

水100毫升
鸡蛋2个
低筋面粉50克
细砂糖5克

表面装饰
糖粉少许

分量

12个

烤制

210℃，中层，上下火，25分钟左右。

烘焙工具

打蛋盆、烤盘、秤、裱花袋、手动打蛋器、料理机、硅胶垫、平底锅。

准备工作

1　鸡蛋提前从冰箱取出回温，然后打散在容器中，并搅拌均匀备用。
2　黄油提前室温下软化至20℃。
3　低筋面粉过筛备用。
4　泡芙烤制前，提前10分钟预热烤箱。

泡芙做法请见第269页。

栗子馅做法

1　将栗子放在料理机中加适量的水。
2　搅拌成泥状。
3　倒入平底锅中。（*不要用铁锅，铁锅炒出来的栗子泥颜色会发黑*）
4　加入适量的细砂糖。（*细砂糖根据个人口味，适量添加*）
5　加入黄油。
6　用中小火炒至将干就是栗子泥了。食用时，将栗子泥加入淡奶油打发好。泡芙切开，装入栗子馅，在泡芙上面撒上糖粉即可。

0失败"蜜"籍

泡芙在烤箱中膨胀的时候特别要注意不能开烤箱门。

紫薯泡芙 **3**

◎ 难易程度：中等 ★★★☆☆
◎ "时"全食美：1小时 ◕

好吃的紫薯也可以放入泡芙中，一咬开来，绝对的惊喜哦。

泡芙体
黄油70克
水70毫升
低筋面粉70克
盐0.5克

细砂糖5克
鸡蛋3个
馅料
紫薯70克
卡仕达酱70克

分量

16个

烤制

220℃，中层，上下火，25分钟左右。

烘焙工具

打蛋盆、烤盘、秤、手动打蛋器、裱花袋、硅胶垫、泡芙花嘴、电动打蛋器、大眼筛子。

准备工作

1　鸡蛋提前从冰箱取出回温，并打散，搅拌均匀备用。
2　黄油提前室温下软化至20℃。
3　低筋面粉过筛备用。
4　紫薯去皮后用蒸笼蒸20分钟左右。
5　泡芙烤制前，提前10分钟预热烤箱。

泡芙做法请见第269页。

紫薯馅做法

1　蒸好的紫薯用大眼筛子过筛。
2　加入制作好的卡仕达酱，做法见139页。
3　用电动打蛋器搅拌均匀。
4　泡芙花嘴从泡芙底部扎一个小洞，将馅料装入有泡芙花嘴的裱花袋中，再挤入泡芙中即可。

0失败"蜜"籍

1　馅料是随吃随装，这样可以保持泡芙的脆感。
2　泡芙的大小，根据挤的面糊大小而定。

巧克力酥皮泡芙

◉ 难易程度：中等 ★★★☆☆

◉ "时"全食美：2小时 ◖◗◖◗

4

泡芙酥酥脆脆的口感，本身就很好吃了。加上香酥可口的菠萝皮，再有了好吃的馅料，口感更上升一个层次。

原料

泡芙体

低筋面粉28克

可可粉2克

细砂糖5克

黄油20克

水55毫升

鸡蛋55克

菠萝皮

低筋面粉30克

可可粉1.5克

黄油20克

细砂糖20克

卡仕达馅料

蛋黄1个

细砂糖20克

低筋面粉8克

牛奶85毫升

黄油5克

分量

45个

烤制

220℃，中层，上下火，25分钟左右。

烘焙工具

打蛋盆、烤盘、秤、小锅、裱花袋、硅胶垫、手动打蛋器、保鲜膜、油纸。

准备工作

1 菠萝皮原料和泡芙体原料中，低筋面粉和可可粉分别过筛备用。

2 黄油提前室温下软化至20℃。

3 泡芙体原料中，鸡蛋提前从冰箱取出回温，并打在碗里搅拌均匀备用。

4 卡仕达馅料中，鸡蛋提前从冰箱取出回温，将蛋黄和蛋白分开，蛋黄留用。

5 卡仕达馅料中，低筋面粉过筛备用。

6 泡芙烤制前，提前10分钟预热烤箱。

做法

菠萝皮做法

 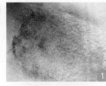  

1 低筋面粉和可可粉混合过筛到油纸上。（为什么要过筛到油纸上呢？因为油纸面积比较大，筛下去的面粉会不容易撒得到处都是）

2 黄油软化后加入细砂糖用手动打蛋器打发。

3 再倒入混合并过筛后的面粉。

4 用刮刀翻拌均匀。

5 整形成圆柱体。

6 外面裹上保鲜膜，并放冰箱冷冻室1小时备用。

泡芙做法

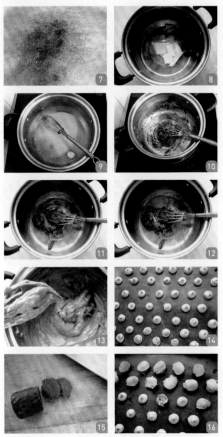

7 低筋面粉和可可粉过筛。

8 黄油、细砂糖以及水倒入小锅中。

9 用小火煮至黄油和细砂糖溶化。

10 再倒入过筛后的面粉，用手动打蛋器搅拌。

11 搅拌至锅底出现薄膜后关火。

12 冷却到60℃左右，开始分次加蛋液，每加一次，都要搅拌均匀。

13 加好后如图呈下垂状，但不会滴落下来。（如果蛋液加得过多，面糊滴落到锅里会怎样？到时候会因为液体量过多，泡芙无法膨胀。如果蛋液加得过少，不下垂会怎样？蛋液太少，泡芙进入烤箱后会膨胀过小）

14 将泡芙面糊装入裱花袋中，裱花袋剪一个小口子，将面糊挤在有硅胶垫的烤盘中。

15 将制作好的菠萝皮取出，室温回温后切成小片。（为什么要稍回温再切小片？因为刚冻好的菠萝皮质地太硬，如果直接切会容易碎，室温放一会儿再切较好）

16 将切好的菠萝皮放在挤好的泡芙面糊上，烤箱220℃预热好后，将烤盘放入烤箱中层，烤25分钟左右即可。

0失败"蜜"籍

1 泡芙一定要完全烤熟后才能从烤箱内取出。

2 烤好的泡芙，一定要吃时再夹入馅料，否则馅料放入泡芙中时间太久，泡芙外皮就不脆了。

卡仕达馅料做法

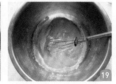

17   低筋面粉过筛。

18   蛋黄加入细砂糖。

19   用手动打蛋器打至发白。

20   倒入过筛后的低筋面粉。

21   搅拌均匀。

22   牛奶煮至微开。

23   慢慢分次倒入蛋黄糊中。

24   搅拌均匀。

25   过筛一遍，去掉杂质。（这样做的目的
      是会让卡仕达馅料更顺滑，没有颗粒）

26   将牛奶蛋液再重新倒回小锅中。

27   用小火慢慢煮至光滑，稠状。

28   关火后，倒入黄油块。

29   搅拌均匀，迅速将小锅放在冰水中放
      凉，即是卡仕达馅料。